电工电子名家畅销书系

全彩图解空调器维修 从入门到精通

李志锋　编著

U0280526

机 械 工 业 出 版 社

本书由一线空调器维修人员编写，书中很多内容都源于实际的操作经验。本书采用电路原理图和实物照片相结合，并在图片上增加标注的方法来介绍空调器维修所必须具备的基本知识和技能，主要内容包括空调器结构和工作原理、空调器制冷系统维修、空调器漏水和噪声故障排除、空调器电控系统维修（主要元器件以及单元电路原理、检测和维修）、挂式和柜式空调器的原装主板的安装和通用板的代换、变频空调器故障维修实例等。另外，本书附赠有视频资料（具体下载步骤见本书"前言"），内含空调器维修实际操作视频文件，能带给读者更直观的感受，便于读者学习理解。

本书适合初学、自学空调器维修人员阅读，也适合空调器维修售后服务人员、技能提高人员阅读，还可以作为中等职业院校空调器相关专业学生的参考书。

图书在版编目（CIP）数据

全彩图解空调器维修从入门到精通/李志锋编著. —北京：机械工业出版社，2013.3（2020.1 重印）
（电工电子名家畅销书系）
 ISBN 978-7-111-41704-0

Ⅰ.①全… Ⅱ.①李… Ⅲ.①空气调节器－维修－图解
Ⅳ.①TM925.120.7-64

中国版本图书馆 CIP 数据核字（2013）第 040454 号

机械工业出版社（北京市百万庄大街22号 邮政编码100037）
策划编辑：刘星宁 责任编辑：朱 林
版式设计：霍永明 责任校对：姜 婷
封面设计：路恩中 责任印制：张 博
北京新华印刷有限公司印刷
2020 年 1 月第 1 版第 7 次印刷
184mm×260mm・16 印张・392 千字
标准书号：ISBN 978-7-111-41704-0
定价：49.80 元

出 版 说 明

我国经济与科技的飞速发展，国家战略性新兴产业的稳步推进，对我国科技的创新发展和人才素质提出了更高的要求。同时，我国目前正处在工业转型升级的重要战略机遇期，推进我国工业转型升级，促进工业化与信息化的深度融合，是我们应对国际金融危机、确保工业经济平稳较快发展的重要组成部分，而这同样对我们的人才素质与数量提出了更高的要求。

目前，人们日常生产生活的电气化、自动化、信息化程度越来越高，电工电子技术正广泛而深入地渗透到经济社会的各个行业，促进了众多的人口就业。但不可否认的客观现实是，很多初入行业的电工电子技术人员，基础知识相对薄弱，实践经验不够丰富，操作技能有待提高。党的十八大报告中明确提出"加强职业技能培训，提升劳动者就业创业能力，增强就业稳定性"。人力资源与社会保障部近期的统计监测却表明，目前我国很多地方的技术工人都处于严重短缺的状态，其中仅制造业高级技工的人才缺口就高达400多万人。

秉承机械工业出版社"服务国家经济社会和科技全面进步"的出版宗旨，60多年来我们在电工电子技术领域积累了大量的优秀作者资源，出版了大量的优秀畅销图书，受到广大读者的一致认可与欢迎。本着"提技能、促就业、惠民生"的出版理念，经过与领域内知名的优秀作者充分研讨，我们打造了"电工电子名家畅销书系"，涉及内容包括电工电子基础知识、电工技能入门与提高、电子技术入门与提高、自动化技术入门与提高、常用仪器仪表的使用以及家电维修实用技能等。

整合了强大的策划团队与作者团队资源，本丛书特色鲜明：①涵盖了电工、电子、家电、自动化入门等细分方向，适合多行业多领域的电工电子技术人员学习；②作者精挑细选，所有作者都是行业名家，编写的都是其最擅长的领域方向图书；③内容注重实用，讲解清晰透彻，表现形式丰富新颖；④以就业为导向，以技能为目标，很多内容都是作者多年亲身实践的看家本领；⑤由资深策划团队精心打磨并集中出版，通过多种方式宣传推广，便于读者及时了解图书信息，方便读者选购。

本丛书的出版得益于业内最顶尖的优秀作者的大力支持，大家经常为了图书的内容、表达等反复深入地沟通，并系统地查阅了大量的最新资料和标准，更新制作了大量的操作现场实景素材，在此也对各位电工电子名家的辛勤的劳动付出和卓有成效的工作表示感谢。同时，我们衷心希望本丛书的出版，能为广大电工电子技术领域的读者学习知识、开阔视野、提高技能、促进就业，提供切实有益的帮助。

作为电工电子图书出版领域的领跑者，我们深知对社会、对读者的重大责任，所以我们一直在努力。同时，我们衷心欢迎广大读者提出您的宝贵意见和建议，及时与我们联系沟通，以便为大家提供更多高品质的好书。

机械工业出版社

前　言

近年来，随着全球气候逐渐变暖和人民生活水平的提高，空调器已成为人们生产和生活的必备电器。空调器正在进入千家万户。随之而来的是售后维修服务的需求不断增加，这也促使越来越多的新手加入到空调器维修行业中，而原有的维修人员也有保证维修质量、提高维修速度的需求。本书正是为了满足这些需求而编写的。

本书由一线空调器维修人员编写，书中很多内容都源于实际的操作经验。本书采用电路原理图和实物照片相结合，并在图片上增加标注的方法来介绍空调器维修所必须具备的基本知识和技能，主要内容包括空调器结构和工作原理、空调器制冷系统维修、空调器漏水和噪声故障排除、空调器电控系统维修（主要元器件以及单元电路原理、检测和维修）、挂式和柜式空调器的原装主板的安装和通用板的代换、变频空调器故障维修实例等。另外，本书附赠有视频资料，内含空调器维修实际操作视频文件，能带给读者更直观的感受，便于读者学习理解。

概括地来说，本书在内容和形式上具有如下特点：

1）全彩印刷：本书采用全彩色印刷，能够最真实地反映实际的维修场景，使维修图片更鲜活，能给读者带来不一样的视觉享受，更便于读者学习和理解。

2）完全图解：本书采用电路原理图和实物照片相结合，并在图片上增加标注的方法来介绍空调器维修知识，"图解"的概念贯穿全书，让读者真正迈入了"读图时代"。

3）循序渐进：本书强调"从入门到精通"的概念，引导读者实现"递进式学习"，由简入难，从基本概念入手，到最后轻松掌握维修技能。

4）实修演示：本书附赠有视频资料，内含空调器维修实际操作视频文件，能将读者带入实际的维修现场，跟维修高手一起学维修。读者可通过登录 http：//www. cmpbook. com/网站搜索本书，进入本书所在页面，从"相关下载"中下载视频资料。

值得注意的是，为便于初学者学习和理解，书中部分专业术语未按国家标准修改。本书测量电子元器件时，如未特别说明，均使用数字万用表测量。

本书主要由李志锋编写，参与本书编写并为本书编写提供帮助的人员有李殿魁、李献勇、周涛、李嘉妍、李明相、李佳怡、班艳、王丽、殷将、刘提、刘均、金闯、金华勇、金坡、李文超、金科技、高立平、辛朝会、王松、王志杰、殷大将、王志奎、陈文成等。

由于编者能力水平所限加之编写时间仓促，书中错漏之处难免，敬请广大读者多提宝贵意见。联系邮箱：ktqwbj@163.com。

编　者

目　　录

第一章　空调器结构和制冷系统原理及部件

对密闭空间、房间或区域里空气的温度、湿度、洁净度及空气流动速度（简称"空气四度"）等参数进行调节和处理，以满足一定要求的设备，称为房间空气调节器，简称为空调器。

第一节　空调器结构

一、挂式空调器外部构造

空调器整机由室内机、室外机、连接管道、遥控器四部分组成。室内机组包括蒸发器、贯流风扇、室内风机、电控部分等，室外机组包括压缩机、冷凝器、毛细管、轴流风扇、室外风机、电气元件等。

1. 室内机的外部结构

壁挂式空调器室内机外部结构见图1-1和图1-2。

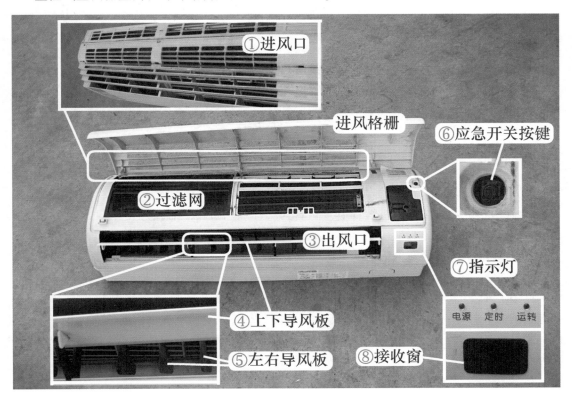

图1-1　室内机正面外部结构

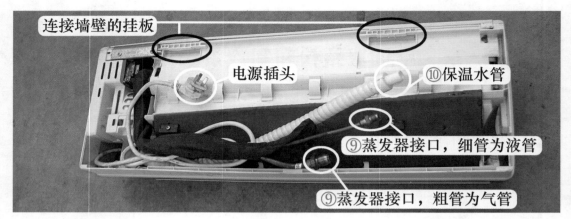

图 1-2 室内机反面外部结构

① 进风口：房间的空气由进风格栅吸入，并通过过滤网除尘。说明：早期空调器进风口通常由进风格栅（或称为前面板）进入室内机，而目前空调器进风格栅通常设计为镜面或平板样式，因此进风口部位设计在室内机顶部。

② 过滤网：过滤房间中的灰尘。

③ 出风口：降温或加热的空气经上下导风板和左右导风板调节方位后吹向房间。

④ 上下风门叶片（上下导风板）：调节出风口上下气流方向（一般为自动调节）。

⑤ 左右风门叶片（左右导风板）：调节出风口左右气流方向（一般为手动调节）。

⑥ 应急开关：无遥控器时使用应急开关可以开启或关闭空调器。

⑦ 指示灯：显示空调器工作状态的窗口。

⑧ 接收窗：接收遥控器发射的红外线信号。

⑨ 蒸发器接口：与来自室外机组的管道连接（粗管为气管，细管为液管）。

⑩ 保温水管：一端连接接水盘，另一端通过加长水管将制冷时蒸发器产生的冷凝水排至室外。

2. 室外机的外部结构

室外机外部结构见图 1-3。

① 进风口：吸入室外空气（即吸入空调器周围的空气）。

② 出风口：吹出为冷凝器降温的室外空气（制冷时为热风）。

③ 管道接口：连接室内机组管道（粗管为气管接三通阀，细管为液管接二通阀）。

④ 维修口（即加氟口）：用于测量系统压力，系统缺氟时可以加氟使用。

⑤ 接线端子：连接室内机组的电源线。

3. 连接管道

见图 1-4 左图，用于连接室内机和室外机的制冷系统，完成制冷（制热）循环，其为制冷系统的一部分；粗管连接室内机蒸发器出口和室外机三通阀，细管连接室内机蒸发器进口和室外机二通阀；由于细管流通的制冷剂为液体，粗管流通的制冷剂为气体，所以细管也称为液管或高压管，粗管也称为气管或低压管；材质早期多为铜管，现在多使用铝塑管。

4. 遥控器

见图 1-4 右图，用来控制空调器的运行与停止，使之按用户的意愿运行，其为电控系统中的一部分。

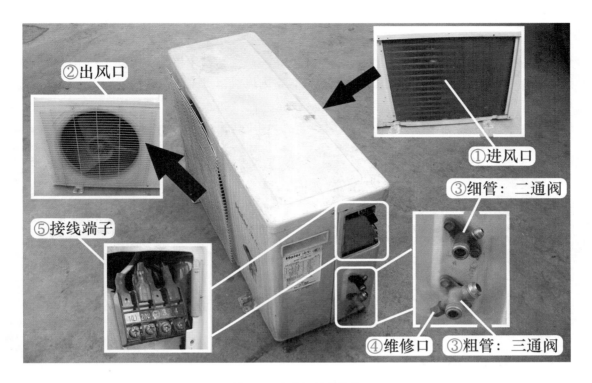

图 1-3　室外机外部结构

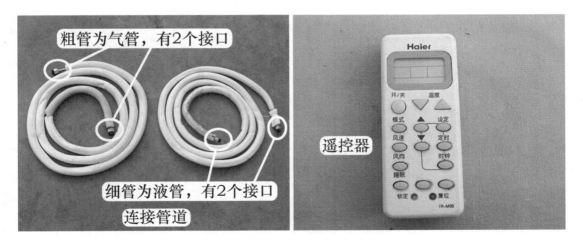

图 1-4　连接管道和遥控器

二、挂式空调器内部构造

　　家用空调器无论是挂机还是柜机，均由制冷系统、电控系统、通风系统、箱体系统四部分组成。制冷系统由于知识点较多，因此单设一节进行说明。

1. 主要部件安装位置

（1）室内机主要部件

见图1-5。制冷系统：蒸发器；电控系统：电控盒（包括主板、变压器、环温和管温传感器等）、显示板组件、步进电机；通风系统：室内风机、贯流风扇、轴套、上下和左右导风叶片；辅助部件：接水盘。

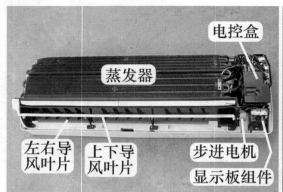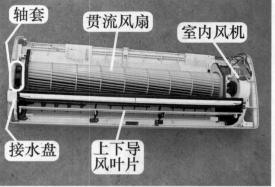

图1-5　室内机主要部件

（2）室外机主要部件

见图1-6。制冷系统：压缩机、冷凝器、四通阀、毛细管、过冷管组（单向阀和辅助毛细管）；电控系统：室外风机电容、压缩机电容；通风系统：室外风机、轴流风扇；辅助部件：电机支架。

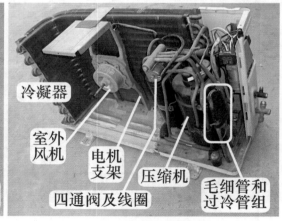

图1-6　室外机主要部件

2. 电控系统

电控系统相当于"大脑"，用来控制空调器的运行，一般使用微电脑（MCU）控制方式，具有遥控、正常自动控制、自动安全保护、故障自诊断和显示、自动恢复等功能。

图1-7为电控系统主要部件。电控系统通常由室内机主板、遥控器、变压器、环温和管温传感器、室内风机、步进电机、压缩机、室外风机、四通阀线圈等组成。

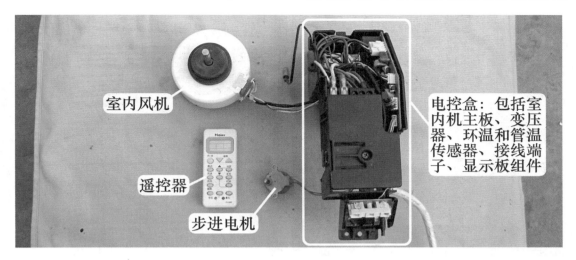

图 1-7　电控系统

3. 通风系统

为了保证制冷系统的正常运行而设计，作用是强制使空气流过冷凝器或蒸发器，加速热交换的进行。室内机通风系统的作用是将蒸发器产生的冷量（或热量）及时输送到室内，降低或提高房间温度。

（1）室内机通风系统

见图 1-8，使用贯流式通风系统，包括贯流风扇和室内风机。

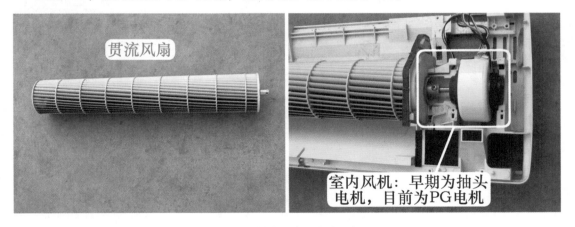

图 1-8　贯流风扇和室内风机

贯流风扇由叶轮、叶片、轴承等组成，轴向尺寸很宽，风扇叶轮直径小，呈细长圆筒状，特点是转速高、噪声小；左侧使用轴套固定，右侧连接室内风机。

室内风机产生动力驱动贯流风扇旋转，早期多为 2 速或 3 速的抽头电机，目前通常使用带霍尔反馈的 PG 电机，只有部分高档的定频和变频空调器使用直流电机。

见图 1-9，贯流风扇叶片采用向前倾斜式，气流沿叶轮径向流入，贯穿叶轮内部，然后沿径向从另一端排出，房间空气从室内机顶部和前部的进风口吸入，由贯流风扇产生一定的流量和压力，经过蒸发器降温或加热后，从出风口吹出。

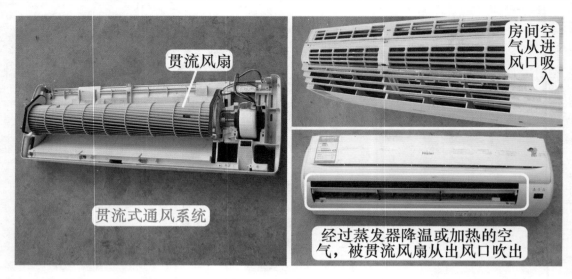

图 1-9 　贯流式通风系统

（2）室外机通风系统

见图 1-10，使用轴流式通风系统，包括轴流风扇和室外风机。

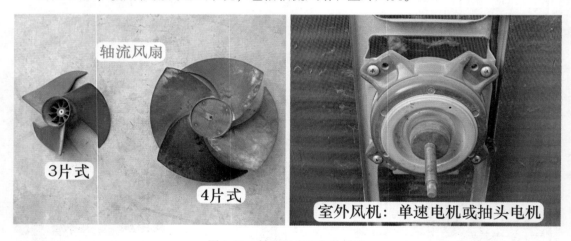

图 1-10 　轴流风扇和室外风机

轴流风扇结构简单，叶片一般为 2 片、3 片、4 片、5 片，使用 ABS 塑料注塑成形，特点是效率高、风量大、价格低、省电，缺点是风压较低、噪声较大。

定频空调器室外风机通常使用单速电机；变频空调器通常使用 2 速、3 速的抽头电机，只有部分高档的定频和变频空调器使用直流电机。

见图 1-11，室外机通风系统的作用是为冷凝器散热。轴流风扇运行时进风侧压力低，出风侧压力高，空气始终沿轴向流动，将冷凝器产生的热量强制吹到室外。

4. 箱体系统

箱体系统是空调器的骨骼。

图 1-12 为挂式空调器室内机组的箱体系统（即底座），所有部件均放置在箱体系统上，

根据空调器设计不同外观会有所变化。

图 1-11　轴流式通风系统

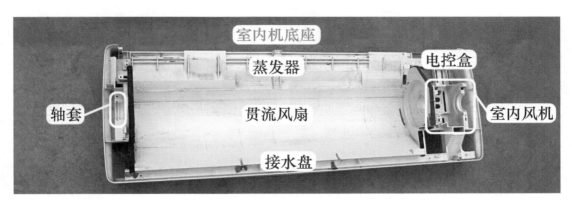

图 1-12　室内机底座

图 1-13 为室外机底座，冷凝器、室外风机固定支架、压缩机等部件均安装在室外机底座上面。

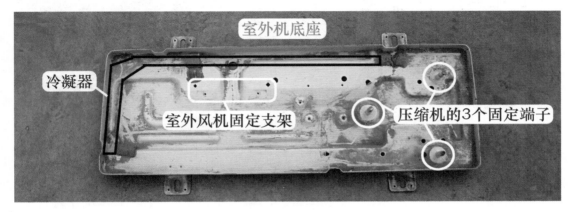

图 1-13　室外机底座

三、柜式空调器结构

本节只介绍柜式空调器结构和室内机通风系统。因为挂式空调器和柜式空调器室外机基本相同，所以本节不再叙述。

1. 室内机结构

见图 1-14 左图，室内机外部结构主要由前面板和进风格栅组成。其中前面板上部为出风口，中间部分为显示屏，进风格栅主要为进风口。

取下室内机前面板和进风格栅，见图 1-14 右图，室内机从上到下主要部件依次为蒸发器（前端固定辅助电加热）、接水盘、电控盒、离心风扇等。

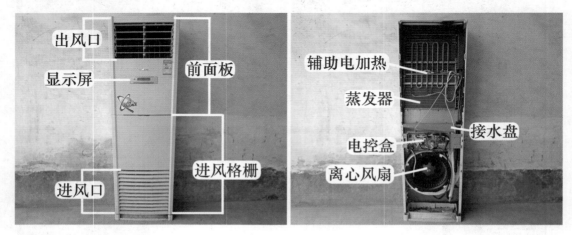

图 1-14　室内机主要部件名称（1）

见图 1-15 左图，翻开前面板后部，可看到出风口主要设有左右导风板和上下导风板的叶片，其中左右导风板的叶片由同步电机驱动。

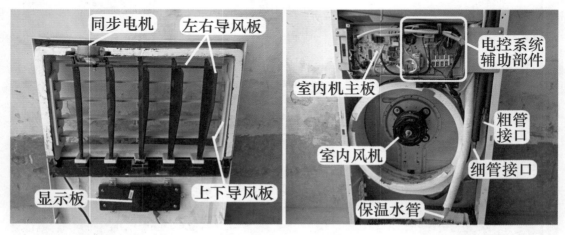

图 1-15　室内机主要部件名称（2）

见图 1-15 右图，室内机电控盒主要由室内机主板和电控系统辅助部件（变压器、室内风机电容、接线端子等）组成，电控盒下方为室内风机（离心电机）。电控盒下方右侧为蒸发器接口（粗管为气管、细管为液管）和保温水管。

2. 室内机通风系统

见图1-16，使用离心式通风系统，包括离心风扇和室内风机。

图1-16 离心风扇和室内风机

离心风扇由叶片、叶轮、轮圈和轴承等组成，结构紧凑、风量大、噪声比较低，而且随着转速的下降，噪声也明显减小，叶轮材质主要采用ABS塑料，作用是将室内的空气吸入，由离心风扇叶轮压缩后提高压力，空气经蒸发器冷却或加热，沿风道送向室内。

室内风机产生动力驱动离心风扇旋转，通常使用2速、3速、4速抽头电机，只有部分高档的定频和变频空调器使用直流电机。

见图1-17，离心风扇叶片通常为向前倾斜式，均匀排列在两个轮圈之间，室内风机运行时带动离心风扇高速旋转，在扇叶的作用下产生离心力，中心形成负压区，使气流沿轴向吸入风扇内，然后沿轴向朝四周扩散，为使气流定向排出，在离心风扇的外面装有泡沫涡壳，在涡壳的引导下，气流沿出风口流出。

图1-17 离心式通风系统

第二节 空调器型号命名方法和匹数含义

一、空调器型号命名方法

执行国家标准 GB/T 7725—2004，基本格式见图 1-18。期间又增加 GB 12021.3—2010，主要内容是增加"中国能效标识"图标。

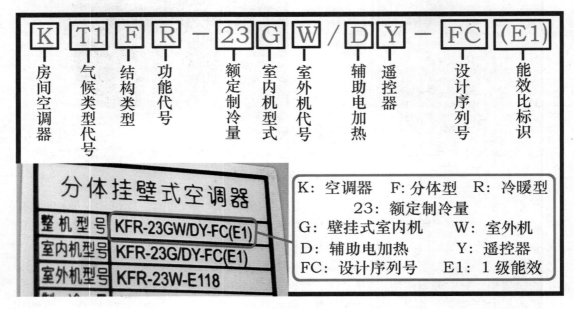

图 1-18 空调器型号基本格式

1. 房间空调器代号

"空调器"汉语拼音为"kong tiao qi"，因此选用第一个字母"k"表示，并且在使用时为大写字母"K"。

2. 气候类型代号

表示空调器所工作的环境，分 T1、T2、T3 三种工况，具体内容见表 1-1。由于在我国使用的空调器工作环境均为 T1 类型，因此在空调器标号中省略不再标注。

表 1-1 气候类型工况 （单位:℃）

	T1（温带气候）	T2（低温气候）	T3（高温气候）
单冷型	18~43	10~35	21~52
冷暖型	−7~43	−7~35	−7~52

3. 结构类型

家用空调器按结构类型可分为整体式和分体式两种。

整体式即窗式空调器，实物外形见图 1-19，英文代号为"C"，早期使用较多，由于运行时整机噪声太大，目前已淘汰不再使用。

分体式英文代号为"F"，由室内机和室外机组成，也是目前最常见的结构型式，实物外形见图 1-22 和图 1-23。

图 1-19　窗式空调器

4. 功能代号

见图 1-20，表示空调器所具有的功能，分为单冷型、冷暖型（热泵）、电热型。

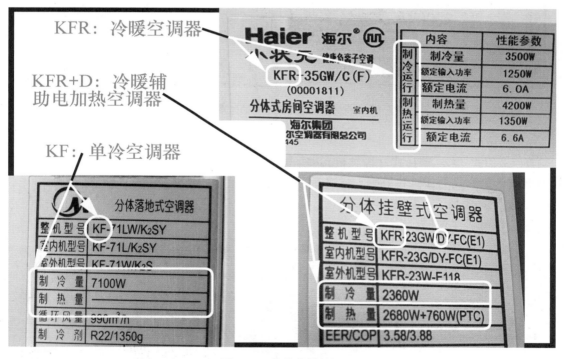

图 1-20　功能代号标识

单冷空调器只能制冷不能制热，所以只能在夏天使用，在南方使用较多，其英文代号省略不再标注。

冷暖空调器既可制冷又可制热，所以夏天和冬天均可使用，在北方使用较多，制热按工作原理可分为热泵式和电加热式，其中热泵式在室外机的制冷系统中加装四通阀等部件，通过吸收室外的空气热量进行制热，也是目前最常见的型式，英文代号为"R"；电热型不改变制冷系统，只是在室内机加装大功率的电加热丝用来产生热量，相当于将"电暖气"安装在室内机，其英文代号为"D"（整机型号以 KFD 开头），早期使用较多，由于制热时耗电量太大，目前已淘汰不再使用。

5. 额定制冷量

见图 1-21，用阿拉伯数字表示，单位为 100W，即标注数字再乘以 100，得出的数字为空调器的额定制冷量，我们常说的"匹"也是由额定制冷量换算得出的。

说明：由于制冷模式和制热模式的标准工况不同，因此同一空调器的额定制冷量和额定制热量也不相同，空调器的工作能力以制冷模式为准。

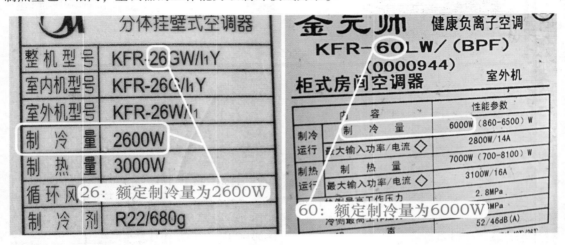

图 1-21　额定制冷量标识

6. 室内机结构型式

D：吊顶式；G：壁挂式（即挂机）；L：落地式（即柜机）；K：嵌入式；T：台式。家用空调器常见形式为挂机和柜机，分别见图 1-22 和图 1-23。

7. 室外机代号

为大写英文"W"。

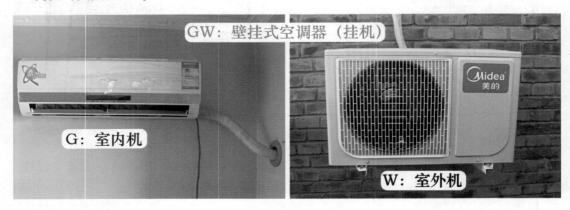

图 1-22　壁挂式空调器

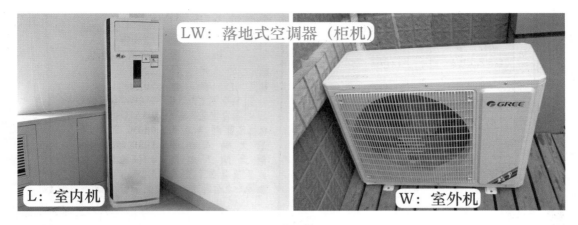

图 1-23　落地式空调器

8. 斜杠 "/" 后面标号表示设计序列号或特殊功能代号

见图 1-24，允许用汉语拼音或阿拉伯数字表示。常见有：Y：遥控器；BP：变频；ZBP：直流变频；S：三相电源；D（d）：辅助电加热；F：负离子。

说明：同一英文字母在不同空调器厂家表示的含义是不一样的，例如 "F"，在海尔空调器中表示为负离子，在海信空调器中则表示为使用无氟制冷剂 R410A。

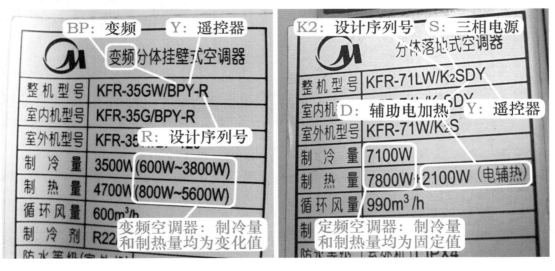

图 1-24　定频和变频空调器标识

9. 能效比标识

见图 1-25，能效比即 EER（名义制冷量 / 额定输入功率）和 COP（名义制热量 / 额定输入功率）。例如海尔 KFR-32GW/Z2 定频空调器，额定制冷量为 3200W，额定输入功率为 1180W，EER ＝3200W÷1180W≈2.71；格力 KFR-23GW/（23570）Aa-3 定频空调器，额定制冷量为 2350W，额定输入功率为 716W，EER ＝2350W÷716W≈3.28。

见图 1-26，能效比标识分为旧能效标准（GB 12021.3—2004）和新能效标准（GB 12021.3—2010）。

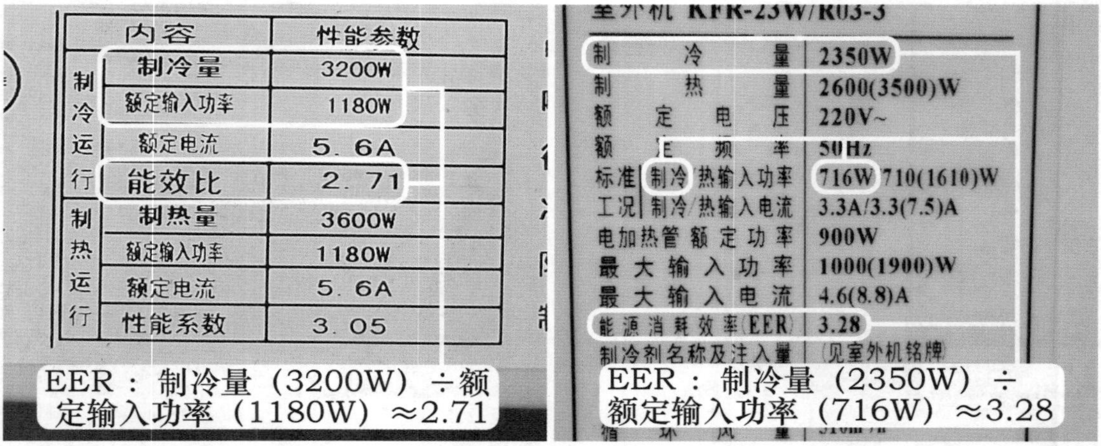

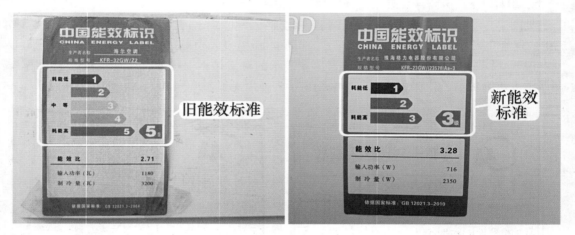

图 1-25 能效比计算方法

图 1-26 能效比标识

旧能效标准于 2005 年 3 月 1 日开始实施，分体式共分为 5 个等级，5 级最费电，1 级最省电，详见表 1-2。

表 1-2 旧能效标准

	1 级	2 级	3 级	4 级	5 级
制冷量≤4500W	3.4 及以上	3.39~3.2	3.19~3.0	2.99~2.8	2.79~2.6
4500W＜制冷量≤7100W	3.3 及以上	3.29~3.1	3.09~2.9	2.89~2.7	2.69~2.5
7100W＜制冷量≤14000W	3.2 及以上	3.19~3.0	2.99~2.8	2.79~2.6	2.59~2.4

海尔 KFR-32GW/Z2 空调器能效比为 2.71，根据表 1-2 可知此空调器为 5 级能效，也就是最耗电的一类；格力 KFR-23GW/(23570) Aa-3 空调器能效比为 3.28，按旧能效标准为 2 级能效。

新能效标准于 2010 年 6 月 1 日正式实施，旧能效标准也随之结束。新能效标准共分 3 级，相对于旧标准，级别提高了能效比，旧标准 1 级为新标准的 2 级，旧标准 2 级为新标准的 3 级，见表 1-3。

表 1-3　新能效标准

	1 级	2 级	3 级
制冷量≤4500W	3.6 及以上	3.59 ~ 3.4	3.39 ~ 3.2
4500W < 制冷量≤7100W	3.5 及以上	3.49 ~ 3.3	3.29 ~ 3.1
7100W < 制冷量≤14000W	3.4 及以上	3.39 ~ 3.2	3.19 ~ 3.0

海尔 KFR-32GW/Z2 空调器能效比为 2.71，根据新能效标准 3 级最低为 3.2，所以此空调器不能再上市销售；格力 KFR-23GW/（23570）Aa-3 空调器能效比为 3.28，按新能效标准为 3 级能效。

10. 空调器型号举例说明

例 1：海信 KF-23GW/58：表示为 T1 气候类型、分体（F）壁挂式（GW 即挂机）、单冷（KF 后面不带 R）定频空调器，58 为设计序列号，每小时制冷量为 2300W。

例 2：美的 KFR-23GW/DY-FC（E1）：表示为 T1 气候类型、带遥控器（Y）和辅助电加热功能（D）、分体（F）壁挂式（GW）、冷暖（R）定频空调器，FC 为设计序列号，每小时制冷量为 2300W，1 级能效（E1）。

例 3：美的 KFR-71LW/K2SDY：表示为 T1 气候类型、带遥控器（Y）和辅助电加热功能（D）、分体（F）落地式（LW 即柜机）、冷暖（R）定频空调器，使用三相（S）电源供电，K2 为序列号，每小时制冷量为 7100W。

例 4：科龙 KFR-26GW/VGFDBP-3：表示为 T1 气候类型、分体（F）壁挂式（GW）、冷暖（R）变频（BP）空调器、带有辅助电加热功能（D）、制冷系统使用 R410A 无氟（F）制冷剂、VG 为设计序列号、每小时制冷量为 2600W，3 级能效。

例 5：海信 KT3FR-70GW/01T：表示为 T3 气候类型、分体（F）壁挂式（GW）、冷暖（R）定频空调器、01 为设计序列号、特种（T、专供移动或联通等通信基站使用的空调器）、每小时制冷量为 7000W。

二、空调器匹数（P）的含义及对应关系

1. 空调器匹数的含义

空调器匹数是一种不规则的民间叫法，这里的匹数（P）代表的是耗电量，因为以前生产的空调器种类较少，技术也相似，所以使用耗电量代表制冷能力，1 匹（P）约等于 735W。现在，国家标准不再使用"匹（P）"作为单位，使用每小时制冷量作为空调器能力标准。

2. 制冷量与匹（P）对应关系

制冷量为 2400W 约等于正 1 匹，以此类推，制冷量 4800W 等于正 2 匹，对应关系见表 1-4。

表 1-4　制冷量与匹（P）对应关系

制 冷 量	俗 称
2300W 以下	小 1P 空调器
2400W 或 2500W	正 1P 空调器
2600 ~ 2800W	大 1P 空调器
3200W	小 1.5P 空调器

（续）

制　冷　量	俗　　称
3500W 或 3600W	正 1.5P 空调器
4500W 或 4600W	小 2P 空调器
4800W 或 5000W	正 2P 空调器
5100W 或 5200W	大 2P 空调器
6000W 或 6100W	2.5P 空调器
7000W 或 7100W	正 3P 空调器
12000W	正 5P 空调器

注：1～1.5P 空调器常见形式为挂机，2～5P 空调器常见形式为柜机。

第三节　空调器制冷系统工作原理及部件

一、单冷型空调器制冷系统循环

见图 1-27，来自室内机蒸发器的低温低压制冷剂气体被压缩机吸入压缩成高温高压气体，排入室外机冷凝器，通过轴流风扇的作用，与室外的空气进行热交换而成为低温高压制冷剂液体，经过毛细管的节流降压、降温后进入蒸发器，在室内机的贯流风扇作用下，吸收房间内的热量（即降低房间内的温度）而成为低温低压制冷剂气体，再被压缩机压缩，制冷剂的流动方向为 A→B→C→D→E→F→G→A，如此周而复始地循环达到制冷的目的。制冷系统主要位置压力和温度见表 1-5。

说明：图中红线表示高温管路，蓝线表示低温管路。

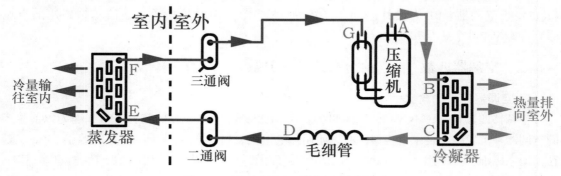

图 1-27　单冷型空调器制冷系统循环

表 1-5　制冷系统主要位置压力和温度

代号和位置		状　态	压力/MPa	温度/℃
A：压缩机排气管		高温高压气体	2.0	约 90
B：冷凝器进口		高温高压气体	2.0	约 85
C：冷凝器出口（毛细管进口）		低温高压液体	2.0	约 35
D：毛细管出口	E：蒸发器进口	低温低压液体	0.45	约 7
F：蒸发器出口	G：压缩机吸气管	低温低压气体	0.45	约 5

二、单冷型空调器制冷系统主要部件

单冷型空调器的制冷系统主要由压缩机、冷凝器、毛细管、蒸发器组成，称为制冷系统四大部件。

1. 压缩机

压缩机是制冷系统的心脏，将低温低压气体压缩成为高温高压气体。压缩机由电机部分和压缩部分组成。电机通电后运行，带动压缩部分工作，使吸气管吸入的低温低压制冷剂气体变为高温高压气体。

常见型式有活塞式、旋转式、涡旋式三种，实物外形见图 1-28。活塞式压缩机常见于老式柜式空调器中，通常为三相供电，现在已经很少使用；旋转式压缩机大量使用在 1～3P 的挂式或柜式空调器中，通常使用单相供电，是目前最常见的压缩机；涡旋式压缩机通常使用在 3P 及以上柜式空调器中，通常使用三相供电，由于不能反向运行，使用此类压缩机的空调器室外机设有相序保护电路。

图 1-28　压缩机

2. 冷凝器

实物外形见图 1-29，作用是将压缩机排出的高温高压气体变为低温高压液体。压缩机排出的高温高压气体进入冷凝器后，吸收外界的冷量，此时室外风机运行，将冷凝器表面的高温排向外界，从而将高温高压气体冷凝为低温高压液体。

常见型式：常见外观形状有单片式、双片式或更多。

3. 节流元件

（1）毛细管

毛细管由于价格低及性能稳定，在定频空调器和变频空调器中大量使用，安装位置和实物外形见图 1-30。

毛细管的作用是将低温高压液体变为低温低压液体。从冷凝器排出的低温高压液体进入毛细管后，由于管径突然变小并且较长，因此从毛细管排出的液体的压力已经很低，由于压力与温度成正比，此时制冷剂的温度也较低。

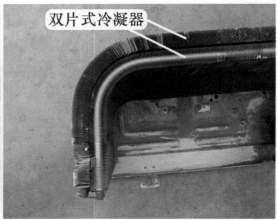

图 1-29 冷凝器

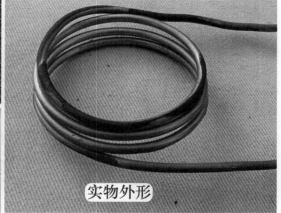

图 1-30 毛细管

（2）电子膨胀阀

部分空调器使用电子膨胀阀作为节流元件，安装位置和实物外形见图 1-31。相对于毛细管，电子膨胀阀具有精确调节、制冷剂流量控制范围大等优点，但由于价格高，且需要配备室外机主板，因此应用在部分高档定频或变频空调器中。

4. 蒸发器

实物外形见图 1-32，作用是吸收房间内的热量，降低房间温度。工作时毛细管排出的液体进入蒸发器后，低温低压液体蒸发吸热，使蒸发器表面温度很低，室内风机运行，将冷量输送至室内，降低房间温度。

常见形式：根据外观不同，常见有直板式、二折式、三折式或更多。

三、冷暖型空调器制冷系统主要部件

在单冷型空调器的制冷系统中增加四通阀，即可组成冷暖型空调器的制冷系统，此时系统既可以制冷，又可以制热。但在实际应用中，为提高制热效果，又增加了过冷管组（单

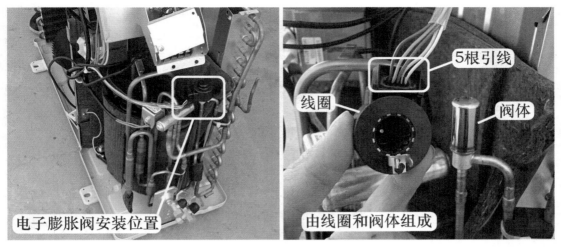

图 1-31　电子膨胀阀

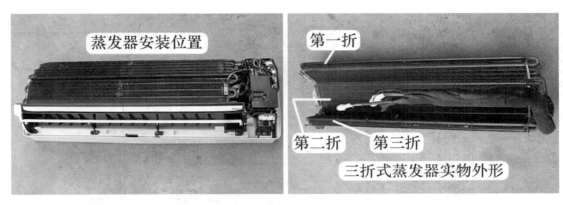

图 1-32　蒸发器

向阀和辅助毛细管）。

1. 四通阀组件

实物外形见图 1-33，作用是转换制冷剂（即制冷剂 R22 或 R410A）在制冷系统中的流向，由四通阀和线圈组成。

四通阀共有 4 根管子，辨认方法如下：一侧只有 1 根管子，另一侧有 3 根管子。一侧只有 1 根管子接压缩机排气管，有 3 根管子一侧的中间管子接压缩机吸气管，靠近线圈一侧的管子接冷凝器，最后 1 根管子接三通阀铜管。

① 制冷循环

见图 1-34，在夏天制冷时，线圈不通电，①（接压缩机排气管）和③（接冷凝器进管）相通，②（接压缩机吸气管）和④（接三通阀铜管）相通，此时制冷系统制冷剂流动方向和单冷型空调器相同，制冷剂的流动方向为 A→①→③→B→C→D→E→F→④→②→G→A。

由图 1-35 可知，压缩机排出的高温高压气体进入冷凝器向外散出热量，成为低温高压液体；进入蒸发器的制冷剂为低温低压液体，吸收房间的热量（即将冷量输往室内）后变为低温低压气体经四通阀到压缩机吸气管，完成制冷循环。制冷循环时系统主要位置压力和温度见表 1-5。

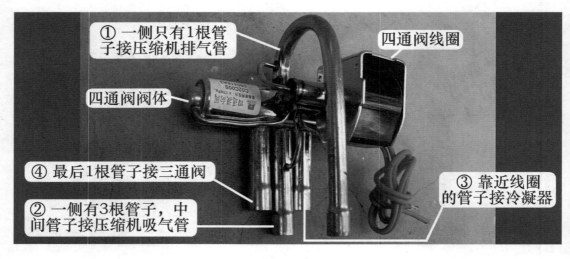

图 1-33 四通阀组件

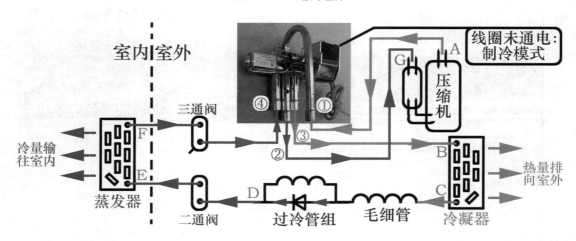

图 1-34 冷暖型空调器制冷循环

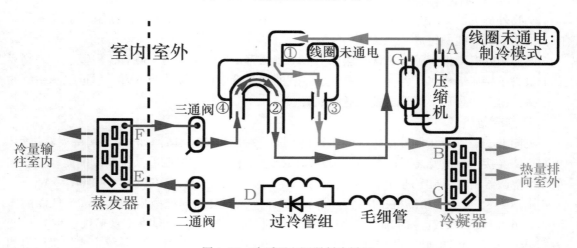

图 1-35 冷暖型空调器制冷循环

② 制热循环

见图 1-36，在冬天制热时，室内机主板输出交流 220V 电源为四通阀线圈供电，四通阀内部阀块移动，此时①和④相通，②和③相通，制冷剂流动的方向为 A→①→④→F→E→D→C→B→③→②→G→A。

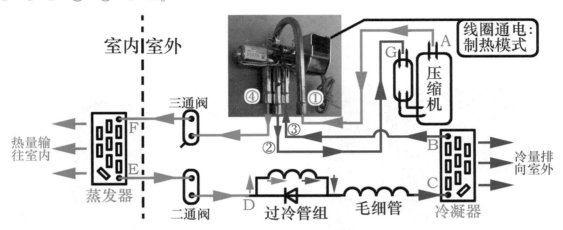

图 1-36　冷暖空调器制热循环

由图 1-37 可知，压缩机排出的高温高压气体进入蒸发器（此时相当于冷凝器），向房间内散出热量，成为低温高压液体；进入冷凝器（此时相当于蒸发器）的制冷剂为低温低压液体，吸收室外的热量（即将冷量输往室外）后变为低温低压气体，经四通阀到压缩机吸气管，完成制热循环。制热循环时系统主要位置压力和温度见表 1-6。

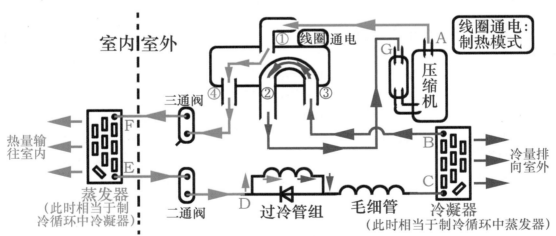

图 1-37　冷暖型空调器制热循环

2. 单向阀与辅助毛细管（过冷管组）

实物外形见图 1-38，作用是在制热模式下延长毛细管的长度，降低蒸发压力，蒸发温度也相应降低，能够从室外吸收更多的热量，从而增加制热效果。

单向阀具有单向导通特性，制冷模式下直接导通，辅助毛细管不起作用；制热模式下单向阀截止，制冷剂从辅助毛细管通过，延长毛细管的总长度，从而提高制热效果。

表 1-6　制热循环时系统主要位置压力和温度

代号和位置		状　态	压力/MPa	温度/℃
A：压缩机排气管		高温高压气体	2.2	约 80
F：蒸发器进口		高温高压气体	2.2	约 70
E：蒸发器出口	D：辅助毛细管进口	低温高压液体	2.2	约 50
C：冷凝器进口（毛细管出口）		低温低压液体	0.2	约 7
B：冷凝器出口	G：压缩机吸气管	低温低压气体	0.2	约 5

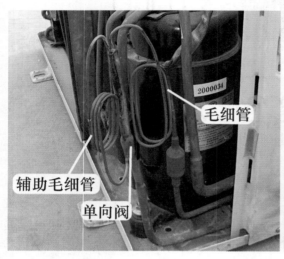 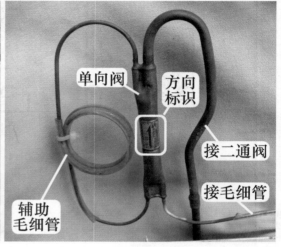

图 1-38　单向阀与辅助毛细管

辨认方法：辅助毛细管和单向阀并联，单向阀具有方向性，带有箭头的一端接二通阀铜管。

① 制冷模式：压缩机排气管→四通阀→冷凝器→单向阀→毛细管→过滤器→二通阀→连接管道→蒸发器→三通阀→四通阀→压缩机吸气管，完成循环过程。

见图 1-39，此时单向阀方向标识和制冷剂流通方向一致，单向阀导通，短路辅助毛细管，辅助毛细管不起作用，由毛细管独自节流。

② 制热模式：压缩机排气管→四通阀→三通阀→蒸发器（相当于冷凝器）→连接管道→二通阀→过滤器→毛细管→辅助毛细管→冷凝器出口（相当于蒸发器进口）→四通阀→压缩机吸气管，完成循环过程。

见图 1-40，此时单向阀方向标识和制冷剂流通方向相反，单向阀截止，制冷剂从辅助毛细管流过，此时由毛细管和辅助毛细管共同节流，延长了毛细管的总长度，降低了蒸发压力，蒸发温度也相应下降，此时室外机冷凝器可以从室外吸收到更多的热量，从而提高制热效果。

举个例子说，假如毛细管节流后蒸发压力的对应蒸发温度为 0℃，那么这台空调器室外温度在 0℃以上时，制热效果还可以，但在 0℃以下，制热效果则会明显下降；如果毛细管和辅助毛细管共同节流，延长毛细管的总长度后，假如对应的蒸发温度为 −5℃，那么这台空调器室外温度在 0℃以上时，由于蒸发温度低，温度差较大，因而可以吸收更多的热量，从而提高制热效果，如果室外温度为－5℃，制热效果和不带辅助毛细管的空调器在0℃时基本相同，这说明辅助毛细管工作后减少了空调器对温度的限制范围。

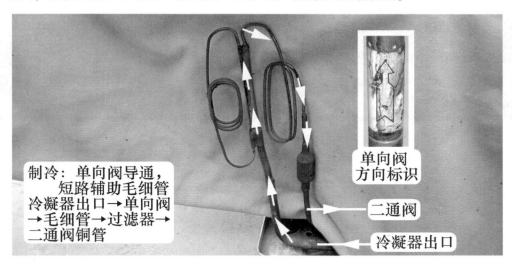

制冷：单向阀导通，
短路辅助毛细管
冷凝器出口→单向阀
→毛细管→过滤器→
二通阀铜管

单向阀方向标识

二通阀

冷凝器出口

图1-39　过冷管组组件制冷流通过程

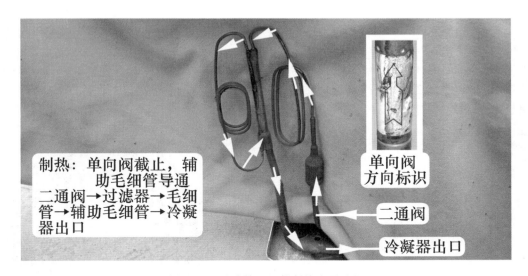

制热：单向阀截止，辅
助毛细管导通
二通阀→过滤器→毛细
管→辅助毛细管→冷凝
器出口

单向阀方向标识

二通阀

冷凝器出口

图1-40　过冷管组组件制热流通过程

四、室内外机连接管道

1. 作用

连接管道连接室内机和室外机的制冷系统，由于室内外机连接线连接室内机和室外机的电控系统，水管将室内机蒸发器产生的冷凝水排向室外，因此将连接管道、连接线、水管使用包扎带包在一起。

2. 实物外观

连接管道共有2根，1根为粗管，1根为细管，每根管道共有2个接口，接口由喇叭口和螺母组成。图 1-41 为 1.5P 空调器所使用的连接管道。不同制冷量的空调器，连接管道的管径也不相同，管径与空调器 P 数对应关系见表 1-7。

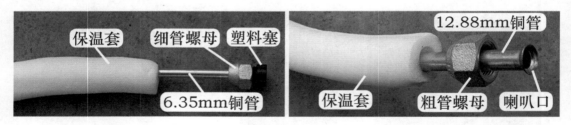

图 1-41　实物外观

表 1-7　管径与空调器 P 数对应关系

制冷量/P	液管管径/mm	气管管径/mm
1	6.35	9.52
1.5 ~ 2	6.35	12.88
3	9.52	15.88

3. 铝塑管

连接管道早期均为铜管，具有耐压高、弹性好等优点，中间如果断裂或有沙眼可使用普通焊枪补焊，缺点是价格高，使得空调器成本增加。

为降低成本，目前部分品牌的空调器使用铝塑管作为连接管道，实物外形见图 1-42。长度约 3m 的连接管道，两端约有 15cm 为铜管，套上螺母，中间使用铝管，铜铝接头焊接，外面包裹一层黑塑料皮，便构成了连接管。

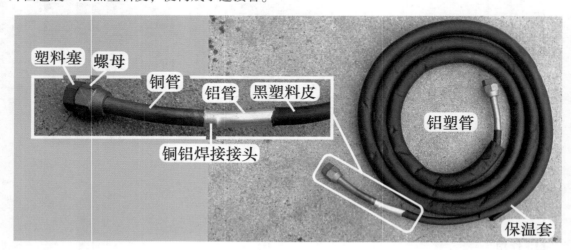

图 1-42　铝塑管

优点是成本低，弯管时弹性好，缺点是由于增加铜铝接头，加大泄漏的可能性；同时如果铜铝接头或铝管有沙眼导致漏氟，漏点部位不能焊接，只能更换整根连接管，增加维修费用。值得注意的是，现在使用铝塑管铜铝接头引起的漏氟原因在实际检修中较少发生，说明铜铝焊接技术已经成熟。常见漏氟故障点为连接管喇叭口，原因为胀口较小，安装后容易引起漏氟，检修时需要注意。

五、二通阀和三通阀

1. 实物外形

安装位置和实物外形见图 1-43。二通阀丝纹处接连接管道中细管（液管），接口连接室外机内毛细管出口铜管；三通阀丝纹处接连接管道中粗管（气管），接口连接室外机内四通阀铜管。

二通阀由定位调整口和 2 条相互垂直的管路组成，三通阀在二通阀基础上增加维修口，作用是检修空调器时使用。本节主要以三通阀结构为例做详细说明。

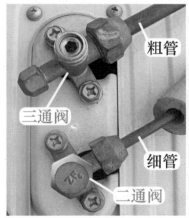

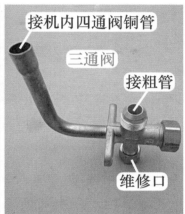

图 1-43　安装位置和实物外形

2. 阀芯

见图 1-44，三通阀定位调整口由三通阀阀体内部的阀孔座、阀芯、卡簧、堵帽组成，最主要的器件为阀芯，从左到右依次为锥体、丝纹、密封圈、定位调整口。

从图 1-44 右图中可以看出，阀芯主要靠密封圈来密封，一段时间以后或阀芯多次调整导致密封圈失效，如果堵帽未拧紧，制冷系统的氟则会通过密封圈向外泄漏，引起漏氟故障，因此在安装或维修空调器时无论是否漏氟，均需要拧紧二通阀和三通阀堵帽。

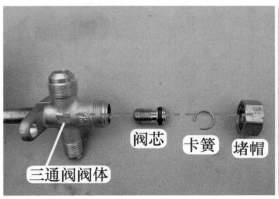
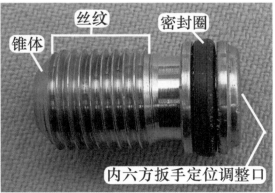

图 1-44　定位调整口组成和阀芯

见图 1-45，取下二通阀和三通阀堵帽，均可看到定位调整口，由内六方控制，通过旋转来调整阀芯位置，从而控制二通阀或三通阀状态。

顺时针旋转，阀芯向内侧移动，阀芯锥体与阀孔座闭合，室外机机内管道与室内外机连接管断开；逆时针旋转，阀芯向外侧移动，阀芯锥体与阀孔座开启，室外机机内管道与室内外机连接管相通。

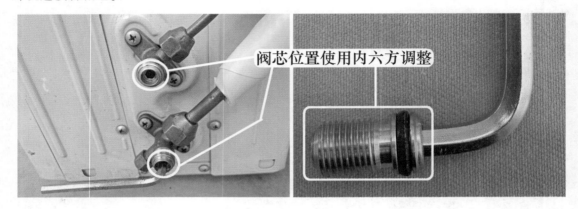

图 1-45　内六方调整方法

3. 三通阀维修口

见图 1-46 左图，三通阀维修口主要由英制接口、气门芯、维修口堵帽组成。气门芯的作用是正常工作时封堵维修口、维修空调器时使维修口和制冷系统接通。当维修空调器时，加氟管顶针使气门芯顶针向上移动，维修口和室内外机连接管道中气管（粗管）相通，加氟管连接的压力表显示系统压力；维修完毕后取下加氟管，气门芯顶针向下移动，封堵维修口，使之与制冷系统断开。

见图 1-46 右图，气门芯主要靠密封圈密封，一段时间以后如果气门芯损坏或密封圈失效，制冷系统的氟则会通过密封圈从维修口向外泄漏，引起漏氟故障，因此在安装或维修空调器时无论是否漏氟，均需要拧紧维修口堵帽。

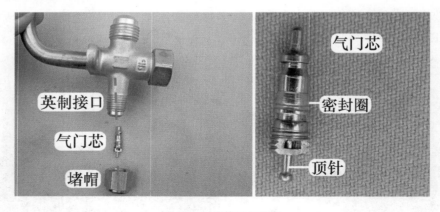

图 1-46　维修口和顶针

第二章 空调器制冷系统维修知识

第一节 常用维修技能

一、缺氟分析

空调器常见漏氟部位见图2-1。

1. 连接管道漏氟

① 加长连接管道焊点有沙眼，系统漏氟。

② 连接管道本身质量不好有沙眼，系统漏氟。

③ 安装空调器时管道弯曲过大，管道握瘪有裂纹，系统漏氟。

④ 加长管道使用快速接头，喇叭口处理不好而导致漏氟。

2. 室内机和室外机接口漏氟

① 安装或移机时接口未拧紧，系统漏氟。

② 安装或移机时液管（细管）螺母拧得过紧将喇叭口拧脱落，系统漏氟。

③ 多次移机时拧紧松开螺母，导致喇叭口变薄或脱落，系统漏氟。

④ 安装空调器时快速接头螺母与螺丝未对好，拧紧后密封不严，系统漏氟。

⑤ 加长管道时喇叭口扩口偏小，安装后密封不严，系统漏氟。

⑥ 紧固螺母裂，系统漏氟。

3. 室内机漏氟

① 室内机快速接头焊点有沙眼，系统漏氟。

② 蒸发器管道有沙眼，系统漏氟。

4. 室外机漏氟

① 二通阀和三通阀阀芯损坏，系统漏氟。

② 三通阀维修口顶针损坏，系统漏氟。

③ 室外机机内管道有裂纹（重点检查：压缩机排气管和吸气管，四通阀连接的4根管道，冷凝器进口部位，二通阀和三通阀连接铜管）。

二、系统检漏

空调器不制冷或效果不好，检查故障为系统缺氟引起时，在加氟之前要查找漏点并处理。如果只是盲目加氟，由于漏点还存在，空调器还会出现同样故障。在检修漏氟故障时，应先询问用户，空调器是突然出现故障还是慢慢出现故障，检查是新装机还是使用一段时间的空调器，根据不同情况选择重点检查部位。

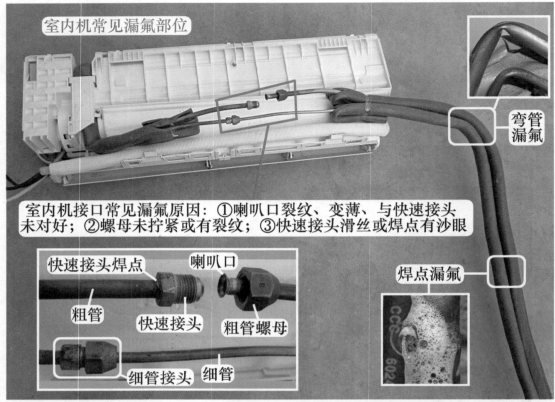

室内机常见漏氟部位

弯管漏氟

室内机接口常见漏氟原因：①喇叭口裂纹、变薄、与快速接头未对好；②螺母未拧紧或有裂纹；③快速接头滑丝或焊点有沙眼

快速接头焊点　喇叭口

粗管　快速接头　粗管螺母

细管接头　细管

焊点漏氟

室外机机内管道常见漏氟部位：①压缩机排气管和吸气管；②四通阀连接的4根管道；③冷凝器进口部位或下部；④二（三）通阀连接铜管

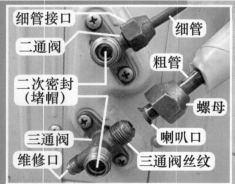

细管接口

二通阀

二次密封（堵帽）

三通阀

维修口

细管

粗管

螺母

喇叭口

三通阀丝纹

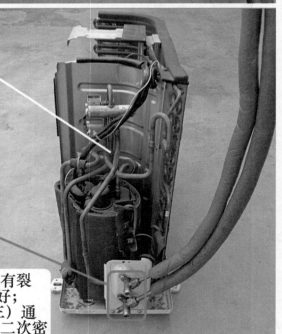

室外机接口常见漏氟原因：①喇叭口有裂纹、变薄、与二（三）通阀丝纹未对好；②螺母未拧紧或丝纹滑丝；③二（三）通阀丝纹滑丝；④二（三）通阀上用于二次密封的堵帽未拧紧；⑤三通阀上维修口顶针密封不严；⑥二（三）通阀焊点开焊或有沙眼

室外机常见漏氟部位

图2-1　制冷系统常见漏氟部位

1. 检查系统压力

关机并拔下空调器电源（防止在检查过程中发生危险），在三通阀维修口接上压力表，观察此时的静态压力。

① 0～0.5MPa：无氟故障，此时应向系统内加注气态制冷剂，使静态压力达到 0.6MPa 或更高压力，以便于检查漏点。

② 0.6MPa 或更高压力：缺氟故障，此时不用向系统内加注制冷剂，可直接用泡沫检查漏点。

2. 检漏技巧

氟 R22 与压缩机润滑油能互溶，因而氟 R22 泄漏时通常会将润滑油带出，也就是说制冷系统有油迹的部位就极有可能为漏氟部位，应重点检查。如果油迹有很长的一段，则应检查处于最高位置的焊点或系统管道。

3. 重点检查部位

漏氟故障重点检查部位见图2-2～图2-4，具体如下。

① 新装机（或移机）：室内机和室外机连接管道的 4 个接头，二通阀和三通阀堵帽，以及加长管道焊接部位。

② 正常使用的空调器突然不制冷：压缩机吸气管和排气管、系统管路焊点、毛细管、四通阀连接管道和根部。

③ 逐渐缺氟故障：室内机和室外机连接管道的 4 个接头。更换过系统元器件或补焊过管道的空调器还应检查焊点。

④ 制冷系统中有油迹的位置。

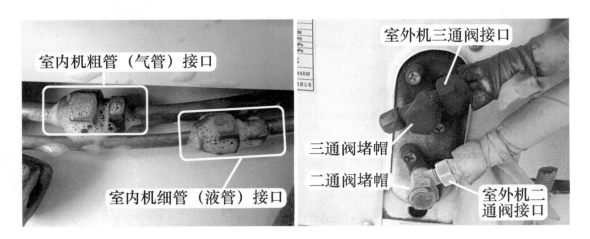

图 2-2　漏氟故障重点检查部位（1）

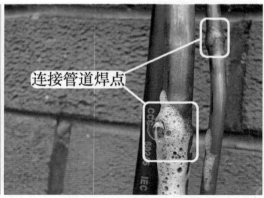

图 2-3　漏氟故障重点检查部位（2）

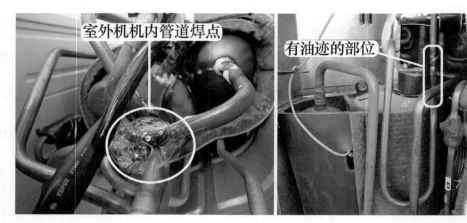

图 2-4　漏氟故障重点检查部位（3）

4. 检漏方法

　　用水将毛巾（或海绵）淋湿，以不向下滴水为宜，倒上洗洁精，轻揉至丰富泡沫，见图 2-5，涂在需要检查的部位，观察是否向外冒泡，冒泡说明检查部位有漏氟故障，没有冒泡说明检查部位正常。

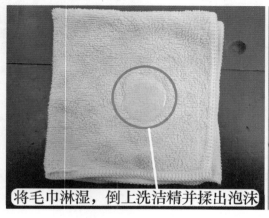
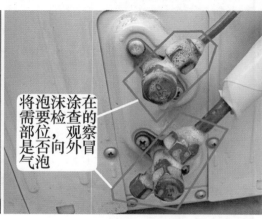

图 2-5　泡沫检漏

5. 漏点处理方法

① 系统焊点漏：补焊漏点。

② 四通阀根部漏：更换四通阀。

③ 喇叭口管壁变薄或脱落：重新扩口。

④ 接头螺母未拧紧：拧紧接头螺母。

⑤ 二、三通阀或室内机快速接头螺纹损坏：更换二、三通阀或快速接头。

⑥ 接头螺母有裂纹或螺纹损坏：更换连接螺母。

6. 微漏故障检修方法

制冷系统微漏故障，如果因漏点太小或比较隐蔽，使用上述方法未检查出漏点时，可以使用以下步骤来检查。

（1）区分故障部位

当系统为平衡压力时，接上压力表并记录此时的系统压力值后取下，关闭二通阀和三通阀的阀芯，将室内机和室外机的系统分开保压。

等待一段时间后（根据漏点大小决定），再接上压力表，慢慢打开三通阀阀芯，查看压力表表针是上升还是下降：如果是上升，说明室外机的压力高于室内机，故障在室内机，重点检查蒸发器和连接管道；如果是下降，说明是室内机的压力高于室外机，故障在室外机，重点检查冷凝器和室外机内管道。

（2）增加检漏压力

由于氟的静态压力最高约为1MPa，对于漏点较小的故障部位，应增加系统压力来检查。如果条件具备可使用氮气，氮气瓶通过连接管经压力表，将氮气直接充入空调器制冷系统，静态压力能达到2MPa。

危险提示：压力过高的氧气遇到压缩机的冷冻油将会自燃导致压缩机爆炸，因此严禁将氧气充入制冷系统用于检漏，切记！切记！

（3）将制冷系统放入水中

如果区分故障部位和增加检漏压力之后，仍检查不到漏点，可将怀疑的系统部分（如蒸发器或冷凝器）放入清水之中，通过观察冒出的气泡来查找漏点。

三、排除空气

空气为不可压缩的气体，系统中如含有空气会使高压、低压上升，增加压缩机的负荷，同时制冷效果也会变差；空气中含有的水分则会使压缩机线圈绝缘下降，缩短其寿命；制冷过程中水分容易在毛细管部位堵塞，形成冰堵故障；因而在更换系统部件（如压缩机、四通阀）或维修由系统铜管产生裂纹导致的无氟故障，焊接完毕后在加氟之前要将系统内的空气排除，常用方法有真空泵抽真空和用氟 R22 顶空。

1. 真空泵抽真空

真空泵是排除系统空气的专用工具，实物外形见图 2-6，可使空调器制冷系统内的真空度达到 −0.1MPa（即 −760mmHg）。

真空泵吸气口通过加氟管连接至压力表接口，接口根据品牌不同也不相同，有些为英制接口，有些为公制接口；真空泵排气口则用于将吸气口吸入的制冷系统空气排向室外。

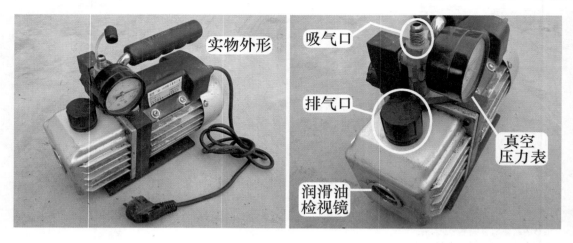

图 2-6　真空泵

（1）操作步骤

图 2-7 为抽真空时真空泵的连接方法。

使用 1 根加氟管连接室外机三通阀维修口和压力表，1 根加氟管连接压力表和真空泵吸气口，开启真空泵电源，再打开压力表开关，制冷系统内空气便从真空泵排气口排出，运行一段时间（一般需要 20min 左右）达到真空度要求后，首先关闭压力表开关，再关闭真空泵电源，将加氟管连接至氟瓶并排除加氟管中的空气后，即可为空调器加氟。

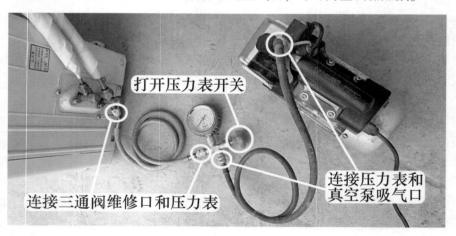

图 2-7　抽真空示意图

抽真空前：见图 2-8 左图，制冷系统内含有空气和大气压力相等，约等于 0MPa。抽真空后：见图 2-8 右图，真空泵将制冷系统内空气抽出后，压力约等于 -0.1MPa。

（2）注意事项

① 开启真空泵电源前要保证制冷系统已完全封闭，二、三通阀芯也已完全打开。

② 关闭真空泵电源时要注意顺序：先关闭压力表开关，再关闭真空泵电源。顺序相反时则容易使制冷系统内进入空气。

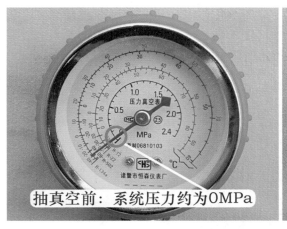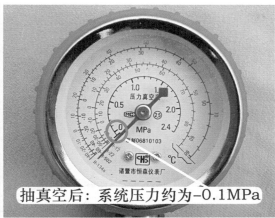

图 2-8　抽真空时压力表对比

（3）使用技巧

真空泵运行 10min 后，室内机蒸发器和连接管道就会达到真空度要求，而室外机冷凝器由于毛细管的阻碍作用还会有少许空气，这时可将压缩机通电 3min 左右使系统循环，室外机冷凝器便能很快达到真空度要求。

2. 使用氟 R22 顶空

系统充入氟 R22 将空气顶出，同样能达到排除空气的目的。

（1）操作步骤

用氟 R22 顶空操作步骤见图 2-9 ～图 2-11。

① 在二通阀处取下细管螺母。

② 在三通阀处拧紧粗管螺母。

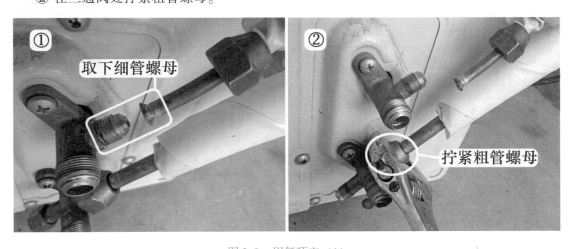

图 2-9　用氟顶空（1）

③ 从三通阀维修口充入氟 R22，通过调整压力表开关的开启角度可以调节顶空的压力，避免顶空过程中压力过大。

④ 室外机的空气从二通阀处向外排出，室内机和连接管道的空气从细管喇叭口处向外排出。

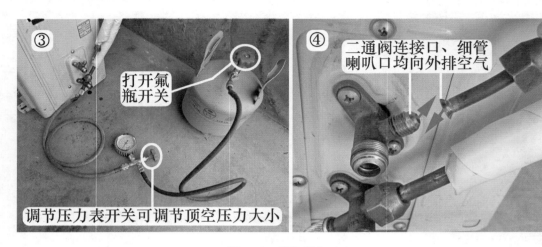

图 2-10 用氟顶空（2）

⑤ 室内机和连接管道的空气排除较快，而室外机有毛细管和压缩机的双重阻碍作用，所以室外机的顶空时间应长于室内机，用手堵住连接管道中细管的喇叭口，此时只有室外机二通阀处向外排空气，这样可以减少氟 R22 的浪费。

⑥ 一段时间后将细管螺母连接在二通阀并拧紧，此时系统内空气已排除干净，开机即可为空调器加氟。注意在拧紧细管螺母过程中，应将压力表开关打开一些，使二通阀处和细管喇叭口处均向外排空气时再拧紧。

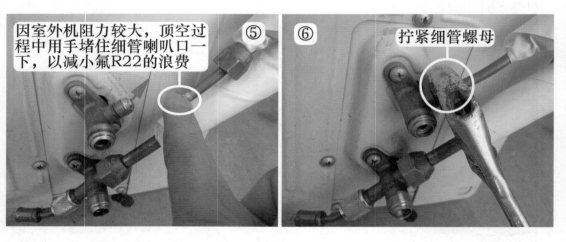

图 2-11 用氟顶空（3）

（2）注意事项
① 顶空过程中二、三通阀阀芯全部打开，且不能开启空调器。
② 顶空时间根据经验自己掌握，空调器功率较大时应适当延长时间。
3. 真空泵抽真空和氟 R22 顶空两种方法优缺点比较
比较结果见表 2-1。

表 2-1 真空泵抽真空和氟 R22 顶空两种方法优缺点比较

	真空泵抽真空	氟 R22 顶空
优点	操作方法简单，成本较低	不用再携带专用排空工具
缺点	携带不方便	维修成本上升（即浪费氟 R22）
适用场合	固定维修店	上门维修

四、常见 4 种阀芯

室内外机连接管通过二通阀和三通阀连接室外机系统，而二通阀和三通阀的阀芯根据空调器品牌、生产年代也不相同，本节对常见 4 种二通阀和三通阀阀芯的开启和关闭方法做简单介绍。

1. 目前最常见型式

见图 2-12。三通阀维修口为英制，并且带顶针，阀芯使用内六方开启或关闭，根据空调器品牌或型号不同，使用内六方型号也不一样，比如海信空调器通常使用 4mm，美的空调器通常使用 5mm。

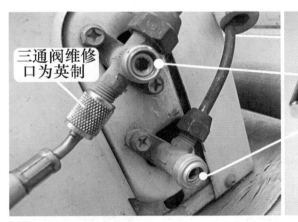
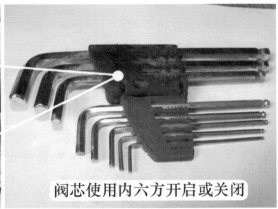

三通阀维修口为英制

阀芯使用内六方开启或关闭

图 2-12 内六方带顶针式阀芯

2. 早期春兰空调器

见图 2-13，目前已经不再使用。三通阀维修口为公制，并且带顶针，阀芯使用手钳开启或关闭，活动范围只有 180°，处于水平位置时为正常使用的开启状态，位于垂直位置时为移机（或收氟）的关闭状态。

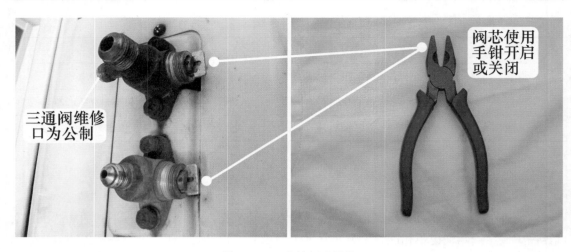

图 2-13   一字旋杆式阀芯

3. 早期科龙空调器

见图 2-14，目前已经不再使用。三通阀维修口为英制，并且不带顶针，阀芯使用内六方开启或关闭，三通阀的阀芯向外关闭（处于最外圈位置）时，连接管道的粗管和室外机机内管道相通，维修口与制冷系统断开；使用内六方将阀芯向里旋 90°时，维修口才能与系统相通。

因此在检修此类空调器时，如需要测量系统压力，将压力表的加氟管连接至三通阀维修口时，并不能和制冷系统相连，需要使用内六方将阀芯向里旋 90°，维修口与制冷系统相通后，才能测量压力和加氟；在检修完成后，应先使用内六方将阀芯向外旋转，将维修口与制冷系统断开，才能取下压力表的加氟管，如果直接取下加氟管，则三通阀维修口处一直向外冒氟，且维修口堵帽也安装不上。

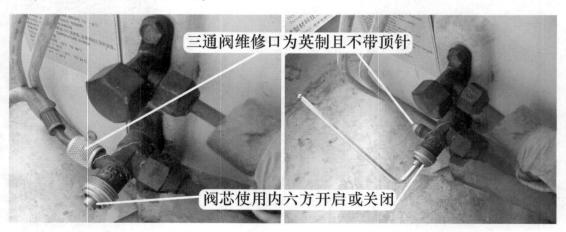

图 2-14   内六方不带顶针式阀芯

4. 早期美的或春兰空调器

见图 2-15，目前已经不再使用。三通阀维修口为英制，分不带顶针和带顶针两种，阀芯使用扳手开启或关闭。

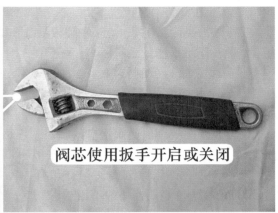

图 2-15　方扳式阀芯

第二节　加　　氟

分体式空调器室内机和室外机使用管道连接，并且可以根据实际情况加长管道，方便了安装，但由于增加了接口部位，导致空调器漏氟的可能性加大。而缺氟是最常见的故障之一，为空调器加氟是最基本的维修技能。

一、加氟前准备

1. 加氟基本工具

（1）制冷剂钢瓶

实物外形见图 2-16，俗称氟瓶，用来存放制冷剂。因目前空调器使用的制冷剂有两种，早期和目前通常为 R22，而目前新出厂的变频空调器通常使用 R410A。为了区分，两种钢瓶的外观颜色设计也不相同，R22 钢瓶为绿色，R410A 为粉红色。

上门维修通常使用充注量为 6kg 的 R22 钢瓶、充注量为 13.6kg 的 R410A 铜瓶，6kg 钢瓶通常为公制接口，13.6kg 或 22.7kg 钢瓶通常为英制接口，在选择加氟管时应注意。

图 2-16　制冷剂钢瓶

（2）压力表组件

实物外形见图2-17，由三通阀（A口、B口、压力表接口）和压力表组成，本书简称为压力表，作用是测量系统压力。

三通阀A口为公制接口，通过加氟管连接空调器三通阀维修口；三通阀B口为公制接口，通过加氟管可连接氟瓶、真空泵等；压力表接口为专用接口，只能连接压力表。

压力表开关控制三通阀接口的状态。压力表开关处于关闭状态时A口与压力表接口相通、A口与B口断开；压力表开关处于打开状态时A口、B口、压力表接口相通。

压力表无论有几种刻度，只有印有MPa或kgf/cm^{2}的刻度才是压力数值，其他刻度（例如℃）在维修空调器一般不用查看。

说明：$1\text{MPa} \approx 10\text{kgf/cm}^2$。

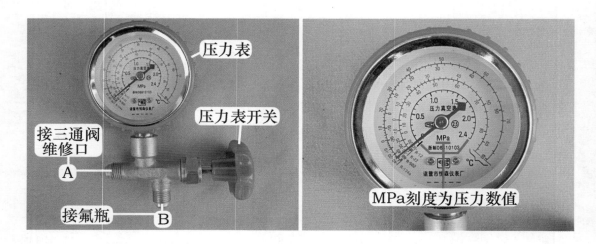

图2-17 压力表组件

（3）加氟管

实物外形见图2-18左图，作用是连接压力表接口、真空泵、空调器三通阀维修口、氟瓶、氮气瓶等。一般有2根即可，1根接头为公制-公制，连接压力表和氟瓶；1根接头为公制-英制，连接压力表和空调器三通阀维修口。

公制和英制接头的区别方法见图2-18右图，中间设有分隔环为公制接头，中间未设分隔环为英制接头。

说明：空调器三通阀维修口一般为英制接口，另外加氟管的选取应根据压力表接口（公制或英制）、氟瓶接口（公制或英制）来决定。

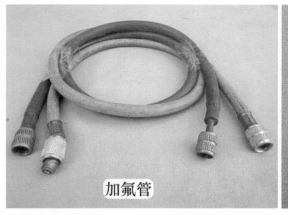
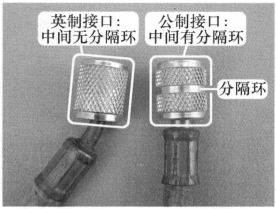

图 2-18　加氟管

（4）转换接头

实物外形见图 2-19 左图，转换接头的作用是作为搭桥连接，常见有公制转换接头和英制转换接头。

见图 2-19 中图和右图，例如加氟管一端为英制接口，而氟瓶为公制接头，不能直接连接。使用公制转换接头可解决这一问题，转换接头一端连接加氟管的英制接口，一端连接氟瓶的公制接头，使英制接口的加氟管通过转换接头连接到公制接头的氟瓶。

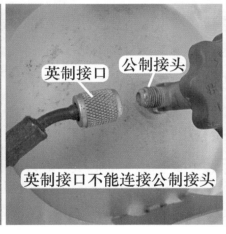
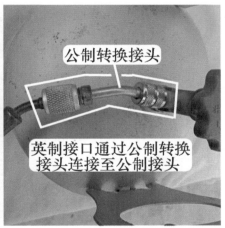

图 2-19　转换接头和作用

2. 加氟方法

图 2-20 为加氟管和三通阀的顶针。

图 2-20 加氟管和三通阀顶针

加氟操作步骤见图 2-21。

① 首先关闭压力表开关，将带顶针的加氟管一端连接三通阀维修口，此时压力表显示系统压力：空调器未开机时为静态压力，开机后为系统运行压力。

② 另外一根加氟管连接压力表和氟瓶，空调器制冷模式开机，压缩机运行后，观察系统运行压力，如果缺氟，打开氟瓶开关和压力表开关，由于氟瓶的氟压力高于系统运行压力，位于氟瓶的氟进入空调器制冷系统，即为加氟。

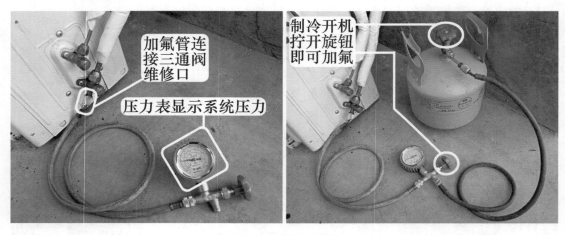

图 2-21 加氟示意图

二、制冷模式下加氟方法

注：本小节所示电流值以 1P 空调器室外机电流（即压缩机和室外风机电流之和）为例，正常电流约为 4A。

1. 缺氟标志

制冷模式下系统缺氟标志见图 2-22 和图 2-23，具体数据如下。

① 二通阀结霜。

② 蒸发器结霜。

③ 系统压力低，低于 0.45MPa。

④ 运行电流小。

⑤ 蒸发器温度分布不均匀，前半部分是凉的，后半部分是温的。

⑥ 室内机出风口吹风温度不均匀，一部分是凉的，一部分是温的。

⑦ 冷凝器温度上部是温的，中部和下部接近常温。

⑧ 二通阀结露，三通阀温度为常温。

⑨ 室外侧水管无冷凝水排出。

图 2-22　制冷缺氟标志（1）

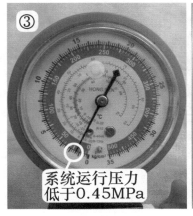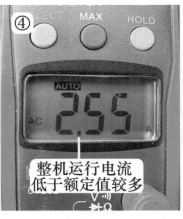

图 2-23　制冷缺氟标志（2）

2. 快速判断空调器缺氟的经验

① 二通阀结露，三通阀温度是温的，手摸蒸发器一半是凉的，一半是温的，室外机出风口吹出风不热。

② 二通阀结霜，三通阀温度是温的，室外机出风口吹出的风不热。

说明：以上两种情况均能大致说明空调器缺氟，具体原因还是接上压力表、电流表根据测得的数据综合判断。

3. 加氟技巧

① 接上压力表和电流表，同时监测系统压力和电流进行加氟，当氟加至 0.45MPa 左右

时，再用手摸三通阀温度，如低于二通阀温度则说明系统内氟充注量已正常。

② 制冷系统管路有裂纹导致系统无氟引起不制冷故障，或更换压缩机后系统需要加氟时，如果开机后为液态加注，则压力加到 0.35MPa 时应停止加注，将空调器关闭，等 3 ~ 5min 系统压力平衡后再开机运行，根据运行压力再决定是否需要补氟。

4. 正常标志（开机制冷 20min 后）

制冷模式下系统正常标志见图 2-24 ~ 图 2-26，具体数据如下。

① 系统运行压力接近 0.45MPa。

② 运行电流等于或接近额定值。

③ 二、三通阀均结露。

④ 三通阀温度冰凉，并且低于二通阀温度。

⑤ 蒸发器全部结露，手摸整体温度较低并且均匀。

⑥ 冷凝器上部热、中部温、下部为常温，室外机出风口同样为上部热、中部温、下部接近自然风。

⑦ 室内机出风口吹出温度较低，并且均匀。正常标准为室内房间温度（即进风口温度）减去出风口温度应大于 9℃。

⑧ 室外侧水管有冷凝水流出。

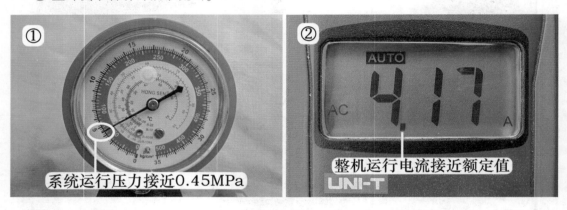

图 2-24　制冷正常标志（1）

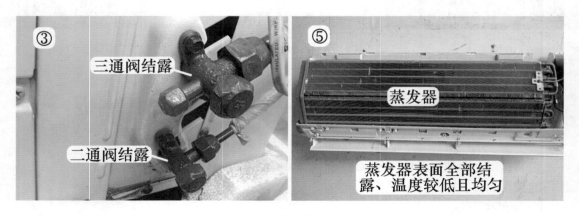

图 2-25　制冷正常标志（2）

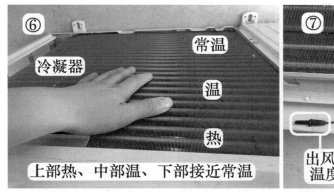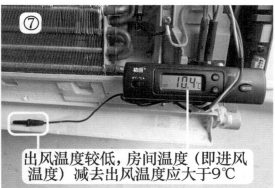

图 2-26　制冷正常标志（3）

5. 快速判断空调器正常的技巧

三通阀温度较低，并且低于二通阀温度；蒸发器全面结露并且温度较低；冷凝器上部热、中部温、下部接近常温。

6. 加氟过量的故障现象

① 二通阀温度为常温，三通阀温度凉。

② 室外机出风口吹出风温度较热，明显高于正常温度，此现象接近于冷凝器脏堵。

③ 室内机出风口温度较高，且随着运行压力上升也逐渐上升。

④ 制冷系统压力较高。

三、制热模式下加氟方法

1. 缺氟标志

制热模式下系统缺氟标志见图 2-27 ~ 图 2-29，具体数据如下。

① 三通阀温度较高（烫手），二通阀温度略高于常温。

② 室内风机在系统运行很长时间才能运行，并且时转时停。

③ 系统运行压力低，且随室内风机时转时停上下变化。

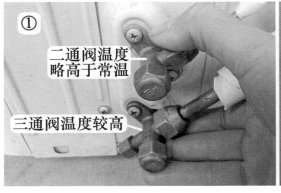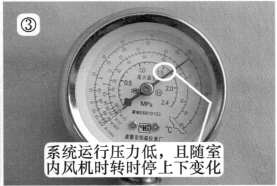

图 2-27　制热缺氟标志（1）

④ 运行电流小于额定值，且随室内风机时转时停上下变化。

⑤ 冷凝器结霜不均匀，只有很窄范围内的一部分结霜。

⑥ 蒸发器前半部分热，后半部分略高于常温。

⑦ 室内机出风口温度低，略高于房间温度。

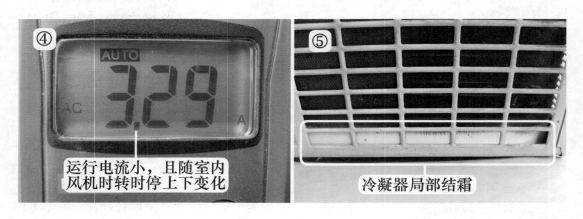

图 2-28　制热缺氟标志（2）

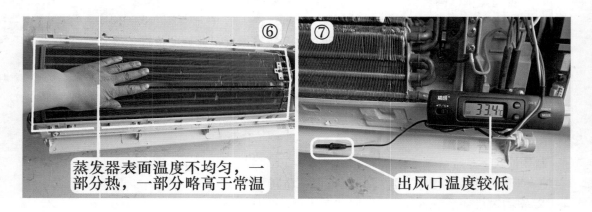

图 2-29　制热缺氟标志（3）

2. 快速判断制热模式下缺氟的技巧

二通阀温度是温的，室内风机在系统运行很长时间才开始运行并且时转时停，室内机出风口温度不高。

3. 加氟技巧

① 由于制热运行时系统压力较高，应在开机之前将压力表连接完毕。在连接压力表时，手上应戴上胶手套（或塑料袋），防止喷出的氟将手冻伤，维修完毕取下压力表时，不允许在制热运行时取下，建议转换到制冷模式后再取下压力表。

② 系统加氟时需要转换到制冷模式，可以直接拔下四通阀线圈的零线，但在操作过程中要注意安全。

③ 运行压力较高，判断为系统内加氟过多时，可以直接将氟放至氟瓶内，以免浪费。

4. 正常标志

制热模式下系统正常标志见图 2-30 ~ 图 2-32，具体数据如下。

① 二通阀和三通阀的温度均较高。

② 系统运行压力接近 2MPa。

③ 运行电流接近额定值。

④ 运行一段时间后冷凝器全部结霜。

⑤ 蒸发器温度较高并且均匀。

⑥ 室内机出风口温度较高，正常标准为出风口温度减去房间温度（即进风口温度）应大于 15℃。

⑦ 室内风机一直运行不再时转时停。

⑧ 运行 50min 左右能自动进入除霜模式。

⑨ 房间温度上升较快。

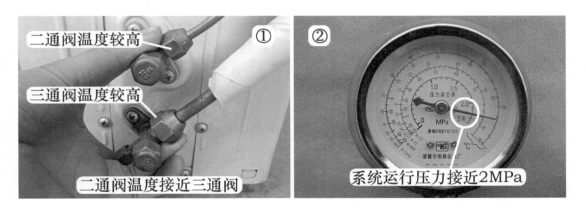

图 2-30　制热正常标志（1）

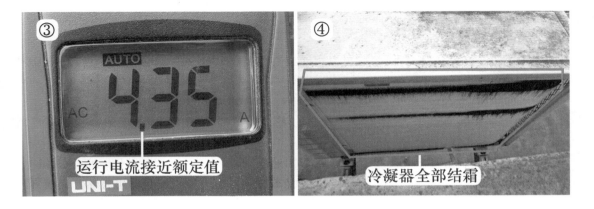

图 2-31　制热正常标志（2）

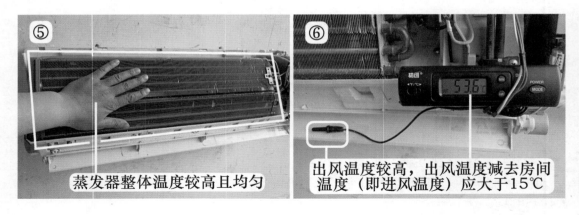

图 2-32　制热正常标志（3）

5. 快速判断制热正常的技巧

二通阀温度较高，蒸发器温度较高并且均匀，室内机出风口温度较高。

6. 加氟过量的故障现象

① 三通阀烫手，二通阀常温。

② 室内吹风为温风，蒸发器表面温度不高（加氟过量时室内机出风口温度反而下降）。

③ 系统压力较高，运行电流较大。

第三节　收氟和排空

移机、更换连接配管、焊接蒸发器之前，都要对空调器进行收氟，操作完成后要对系统排空，收氟和排空是系统维修中最常用的技能之一，本节对此进行详细讲解。

一、收氟

收氟即回收制冷剂，将室内机蒸发器和连接管道的制冷剂回收至室外机冷凝器的过程，是移机或维修蒸发器、连接管道前的一个重要步骤。收氟时必须使空调器运行在制冷模式下，且压缩机正常运行。

1. 开启空调器方法

如果房间温度较高（夏季），则可以用遥控器直接选择制冷模式，温度设定到最低 16℃即可。

如果房间温度较低（冬季），应参照图 2-33，选择以下 2 种方法中的 1 种。

① 用温水加热（或用手捏住）室内环温传感器探头，使之检测温度上升，再用遥控器设定制冷模式开机收氟。

② 制热模式下在室外机接线端子处取下四通阀线圈引线，强制断开四通阀线圈供电，空调器即运行在制冷模式下。注意：使用此种方法一定要注意用电安全，可先断开引线再开机收氟。

说明：某些品牌的空调器，如按压"应急按钮（开关）"按键超过 5s，也可使空调器运行在应急制冷模式下。

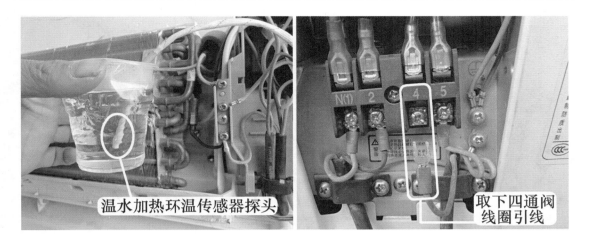

图 2-33　强制制冷开机的 2 种方法

2. 收氟操作步骤

见图 2-34 ~ 图 2-36。

① 取下室外机二通阀和三通阀的堵帽。

② 用内六方关闭二通阀阀芯，蒸发器和连接管道的制冷剂通过压缩机排气管存储在室外机的冷凝器之中。

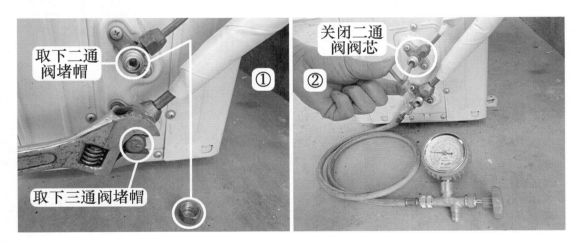

图 2-34　收氟操作步骤（1）

③ 在室外机（主要指压缩机）运行约 40s 后（本处指 1P 空调器运行时间），关闭三通阀阀芯。如果对时间掌握不好，可以在三通阀维修口接上压力表，观察压力回到负压范围内时再快速关闭三通阀阀芯。

④ 压缩机运行时间符合要求或压力表指针回到负压范围内时，快速关闭三通阀阀芯。

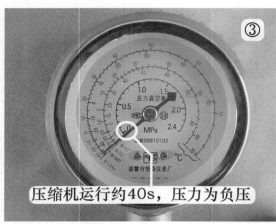
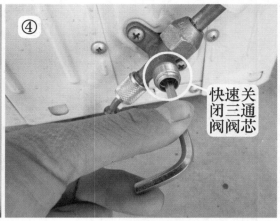

图 2-35　收氟操作步骤（2）

⑤ 遥控器关机，拔下电源插头，并使用扳手取下细管螺母和粗管螺母。

⑥ 在室外机接口处取下连接管道中气管（粗管）和液管（细管）螺母，并用胶布封闭接口，防止管道内进入水分或脏物。

⑦ 如果需要拆除室外机，在室外机接线端子处取下室内外机连接线，再取下室外机底脚螺钉后即可。

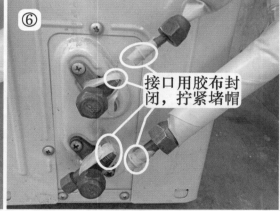

图 2-36　收氟操作步骤（3）

二、排空

排空是指空调器新装机或移机时安装完毕后，将室内机蒸发器和连接管道内空气排出的过程，操作步骤见图 2-37 ~ 图 2-39。

说明：排空完成后要用肥皂泡沫检查接口，防止出现漏氟故障。

① 将液管（细管）螺母接在二通阀上并拧紧。

② 将气管（粗管）螺母接在三通阀上但不拧紧。

③ 用内六方扳手将二通阀阀芯逆时针旋转打开 90°，存在冷凝器内的制冷剂气体将室内机蒸发器、连接管道内的空气从三通阀螺母处排出。

④ 约 30s 后拧紧三通阀螺母。

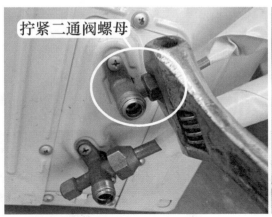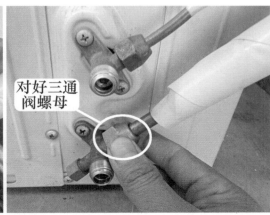

拧紧二通阀螺母

对好三通阀螺母

图 2-37　排空操作步骤（1）

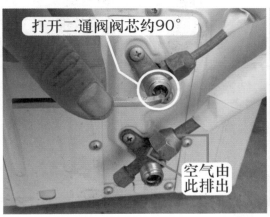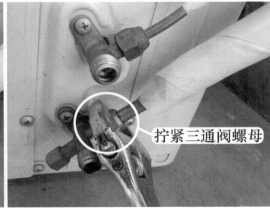

打开二通阀阀芯约 90°

空气由此排出

拧紧三通阀螺母

图 2-38　排空操作步骤（2）

⑤ 用内六方扳手完全打开二通阀和三通阀阀芯。

⑥ 安装二通阀和三通阀堵帽并拧紧。

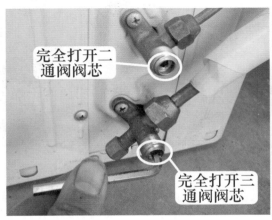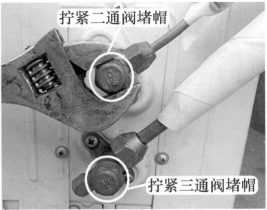

完全打开二通阀阀芯

完全打开三通阀阀芯

拧紧二通阀堵帽

拧紧三通阀堵帽

图 2-39　排空操作步骤（3）

第四节　常 见 故 障

一、根据二通阀和三通阀温度判断故障

1. 二通阀结露、三通阀结露

见图2-40。手摸二通阀和三通阀冰凉，空调器制冷系统正常的表现。

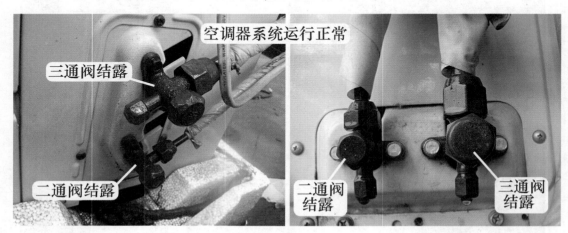

图2-40　二、三通阀结露

2. 二通阀干燥、三通阀干燥

（1）故障现象

见图2-41。手摸二通阀和三通阀均接近常温，常见故障为系统无氟、压缩机未运行、压缩机阀片击穿。

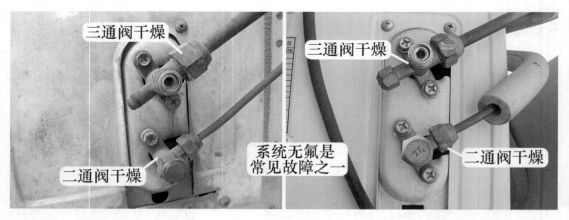

图2-41　二、三通阀干燥

（2）常见原因

将空调器开机，在三通阀维修口接上压力表，观察系统运行压力，如压力为负压或接近0MPa，可判断为系统无氟，应直接加氟处理。如为静态压力（夏季为 0.7～1.1MPa），说明

制冷系统未工作，此时应检查压缩机供电电压，如果为交流0V，说明室内机主板未供电，应检查室内机主板或室内外机连接线。如电压为交流220V，说明室内机主板已输出供电，此时再测量压缩机引线电流，如电流一直为0A，故障可能为压缩机线圈开路、连接线与压缩机接线端子接触不良、压缩机外置热保护器开路等；如电流约为额定电流的30% ~50%，故障可能为压缩机窜气（即阀片击穿）；如电流接近或超过20A，则为压缩机起动不起来，应首先检查或代换压缩机电容，如果电容正常，故障可能为压缩机卡缸。

3. 二通阀结霜（或结露）、三通阀干燥

（1）故障现象

见图2-42。手摸二通阀是凉的，三通阀接近常温，常见故障为缺氟。由于系统缺氟，毛细管节流后的压力更低，因而二通阀结霜。

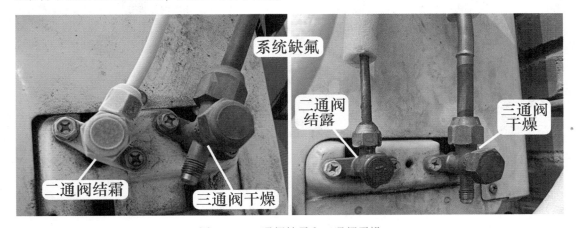

图2-42 二通阀结霜和三通阀干燥

（2）常见原因

见图2-43，将空调器开机，测量系统运行压力，低于0.45MPa均可理解为缺氟，通常运行压力为0.05 ~0.15MPa时二通阀结霜，为0.2 ~0.35MPa时二通阀结露。结霜时可认为是严重缺氟，结露时可认为是轻微缺氟。

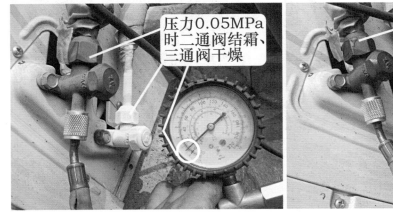

图2-43 测量系统压力和加氟

4. 二通阀干燥、三通阀结露

（1）故障现象

见图2-44。手摸二通阀接近常温或微凉，三通阀冰凉，常见故障为冷凝器散热不好。由于某种原因使得冷凝器散热不好，造成冷凝压力升高，毛细管节流的压力也相应升高，由于压力与温度成正比，二通阀温度为凉或温，因此二通阀表面干燥，但进入蒸发器的制冷剂迅速蒸发，因此三通阀结露。

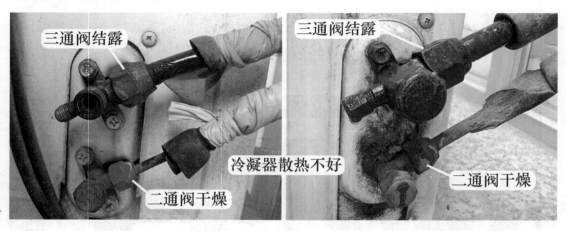

图2-44　二通阀干燥和三通阀结露

（2）常见原因

见图2-45，首先观察冷凝器背部，如果被尘土或毛絮堵死，应清除毛絮或表面尘土后，再用清水清洗冷凝器；如果冷凝器干净，则为室外风机转速慢，常见原因为室外风机电容容量变小。

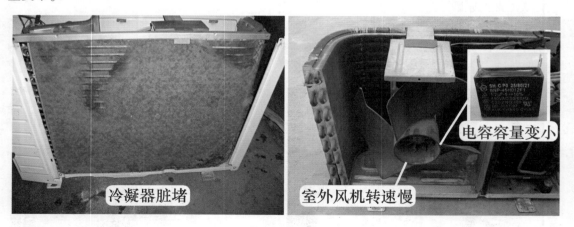

图2-45　冷凝器脏堵和室外风机转速慢

5. 二通阀结露、三通阀结霜（结冰）

（1）故障现象

见图2-46。手摸二通阀和三通阀冰凉，常见故障为蒸发器散热不好，即制冷时蒸发器的冷量不能及时吹出，导致蒸发器冰凉，首先引起三通阀结霜；运行时间再长一些，蒸发器表面慢慢结霜或变成冰，三通阀表面霜也变成冰，如果时间更长，则可能会出现二通阀结霜、三通阀结冰。

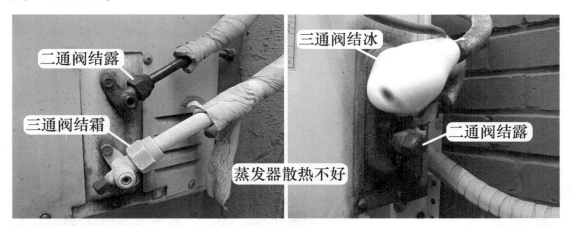

图 2-46　二通阀结露和三通阀结霜

（2）常见原因

见图 2-47，首先检查过滤网是否脏堵，如过滤网脏堵，直接清洗过滤网即可。如果柜式空调器清洗过滤网后室内机出风量仍不大，而室内风机转速正常，则为过滤网表面的尘土被室内离心风扇吸收，带到蒸发器背面，引起蒸发器背面脏堵，应清洗蒸发器背面，脏堵严重者甚至需要清洗离心风扇；如果过滤网和蒸发器均干净，检查为室内风机转速慢，通常为风机电容容量减少引起。

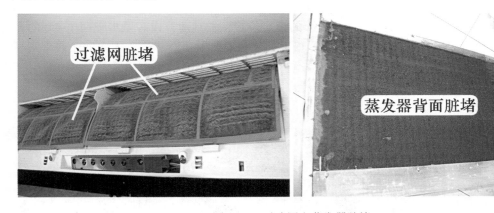

图 2-47　过滤网和蒸发器脏堵

二、安装原因引起的制冷效果差故障

空调器出厂时相当于半成品，只有安装后才能正常使用，"三分质量、七分安装"也说明了安装的重要性，如果安装时未安装到位，将会引起制冷效果差的故障甚至不制冷，由于安装原因引起的制冷效果差的故障有以下几种。

1. 室内机顶部和下部

见图 2-48 左图，目前室内机前面一般为平板或镜面设计，进风格栅设计在顶部，安装时要求室内机顶部有 15cm 的空间，如果距房顶或顶棚过近，室内机进风量减少，房间循环速度变慢，制冷量下降。

见图 2-48 右图，室内机下部要求没有物品，如果室内机下部设有柜子或其他物品，一是阻挡风量，吹向房间的风速变弱，二是吹出的风吹到柜子上面，被室内机进风格栅重新吸收，使得室内机环温传感器检测温度变低，停止室外机运行，引发制冷效果差的故障。

室内机顶部距顶棚过近，进风量减少　　　　出风口下部的柜子阻挡出风

图 2-48　室内机安装故障

2. 室外机前部

室外机冷凝器由室外风机带动的轴流风扇散热，出风口设在前面，制冷时出风口吹出较热的空气，因此安装要求室外机前方有 60cm 的空间。

见图 2-49，如果室外机安装在空间较小的指定位置，并且前方设有呈水平向下 45° 的百叶窗，则室外机出风口吹出的热风吹在百叶窗上面，被冷凝器重新吸收，因而散热效果明显下降，引起冷凝器烫手，压缩机负载变大，运行电流升高，制冷效果也明显下降，严重时甚至引起压缩机过载过热保护停机，出现不制冷故障。

维修时应移机或拆除百叶窗。

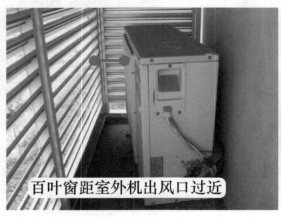

百叶窗距室外机出风口过近　　　　故障排除方法是移机
墙壁距室外机出风口过近

图 2-49　室外机前部安装原因

3. 室外机后部

如果因空间位置关系或其他原因，安装 2 台室外机的位置见图 2-50，使用时如 A 机或 B 机单独运行，空调器可以正常工作；但如果同时运行，B 机吹出的热风直接送至 A 机冷凝器的进风口，则 A 机散热效果明显下降，冷凝器过热，A 机制冷效果也明显下降，一段时间以后压缩机过载停机，A 机不再制冷，但 B 机可以正常运行。

维修时应移机，或 2 台室外机平行安装。

图 2-50　室外机后部安装原因

4. 管道握扁

如果安装时不注意将管道握扁，见图 2-51 左图，由于气管即粗管较粗容易握扁，液管即细管一般不会出现问题，粗管握扁后将导致再次节流，制冷剂过多留在蒸发器内，而不能被压缩机有效吸收，引起制冷效果差或不制冷故障。

维修时可将粗管慢慢握回来，见图 2-51 右图，注意幅度不能过大，否则容易将握扁处出现裂缝而导致漏氟的故障。

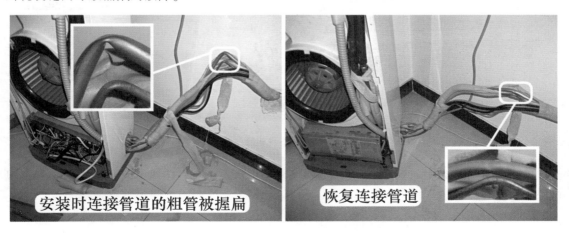

图 2-51　连接管道安装原因

第三章 空调器漏水和噪声故障

第一节 漏水故障

空调器运行在制冷模式下，室内机蒸发器表面温度较低，低于空气露点温度时，空气中的水蒸气会在蒸发器表面凝结，形成冷凝水，在重力的作用下落入室内机接水盘，通过水管排向室外，并且湿度越大，冷凝水量也就越大。

空调器运行在制热模式下，室内机蒸发器温度较高约50℃，因此蒸发器不会产生冷凝水，室外侧水管也无水流出。但在制热过程中室外机冷凝器表面结霜，在化霜时霜变水排向室外。

一、挂式空调器冷凝水流程

早期挂式空调器蒸发器通常为直板式或2折式，室内机只设1个接水盘，位于出风口上方，蒸发器产生的冷凝水直接流入接水盘，经保温水管和加长水管排向室外。

见图3-1，目前挂式空调器蒸发器均为多折式，常见为3折、4折甚至5折或6折，将贯流风扇包围，以获得更好的制冷效果，以顶部为分割线，蒸发器分为前部和后部，相应室内机设有主接水盘和副接水盘。蒸发器前部产生的冷凝水流入位于出风口上方的主接水盘，蒸发器后部产生的冷凝水流入位于室内机底座中部的副接水盘。

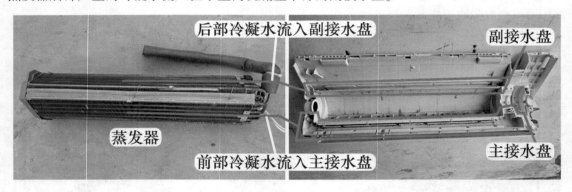

图 3-1 蒸发器和接水盘

见图3-2，副接水盘冷凝水经专用通道流入主接水盘，主接水盘和副接水盘的冷凝水通过保温水管和加长水管，排向室外。

二、柜式空调器冷凝水流程

见图3-3，柜式空调器蒸发器均为直板式，产生的冷凝水自然下沉流入接水盘、经保温水管和加长水管排向室外。

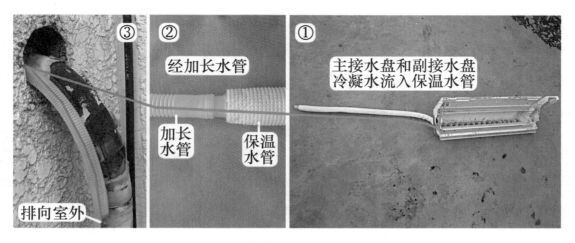

图 3-2　挂式空调器冷凝水流程

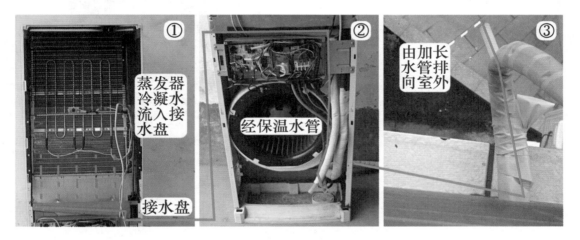

图 3-3　柜式空调器冷凝水流程

三、常见故障

1. 室内机安装倾斜

室内机一般要求水平安装。如果新装机或移机时室内机安装不平，见图 3-4 左图，即左低右高或左高右低，相对应接水盘也将倾斜，较低一侧的冷凝水溢出接水盘，引起室内机漏水故障。

见图 3-4 右图，故障排除方法是重新水平安装室内机。

2. 水管脏堵

空调器制冷正常，但室外侧水管不流水，室内机漏水很严重，取下室内机外壳，查看接水盘内冷凝水已满，说明水管堵塞，见图 3-5。

故障排除方法见图 3-6，使用一根新水管，并插入室外机原机水管，向新水管吸气，使水管内脏物吸出（见图 3-5 左图），室内机漏水故障即可排除。

注意：不要将脏水吸入到口中。维修时不要向水管内吹气，否则会将水吹向室内机主板或接收板出现短路故障，导致需要更换主板或接收板。

图 3-4　室内机安装倾斜和排除方法

图 3-5　水管脏堵

图 3-6　排除水管脏堵方法

3. 接水盘和保温水管脏堵

用户反映室内机漏水，查看接水盘内冷凝水已满，但室外侧无冷凝水流出，将接水盘内冷凝水倒出来，见图 3-7 左图，查看接水盘已脏堵，通常接水盘脏堵时与其连接的保温水管也已经堵塞。

见图3-7右图，维修时取下接水盘和保温水管。

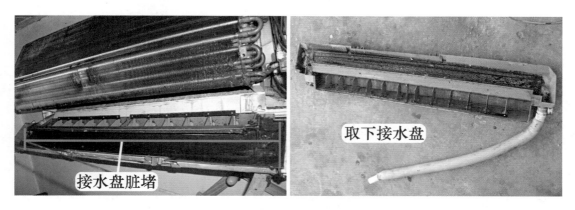

图 3-7　接水盘脏堵和取下接水盘

见图3-8，将空调器的保温水管接头对在自来水管的水龙头上面，用手握好接头以防止溅水，打开水龙头开关，利用自来水管中的压力冲出堵塞保温水管的脏物，再将接水盘冲洗干净，安装后即可排除室内机漏水故障。

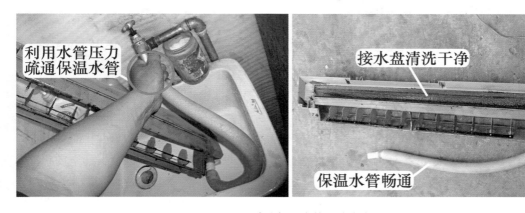

图 3-8　冲洗保温水管和接水盘

4. 缺氟

用户反映空调器制冷效果差，同时室内机漏水。上门维修时查看连接管道符合安装要求，在开机时感觉室内机出风口温度较高，到室外机检查，见图3-9，发现二通阀结霜、三通阀干燥，在三通阀维修口接上压力表，测量系统运行压力约为0.2MPa，说明系统缺氟。

见图3-10左图，打开室内机进风格栅，发现蒸发器顶部结霜，判断漏水故障也因系统缺氟引起，原因是系统缺氟导致结霜，霜层堵塞蒸发器翅片缝隙，使得冷凝水不能顺利流入接水盘，最终导致室内机漏水。

故障排除方法见图3-10右图，排除系统漏点并加氟至正常压力0.45MPa。

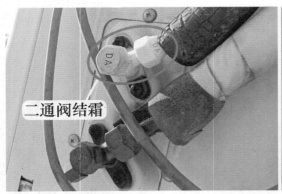
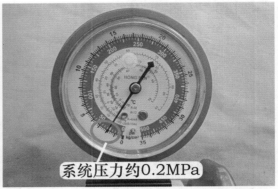

图 3-9　二通阀结霜和系统压力低

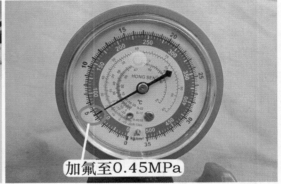

图 3-10　蒸发器结霜和加氟至正常压力

　　见图 3-11，加氟后查看二通阀霜层融化，三通阀和二通阀均开始结露，到室内机查看，蒸发器霜层也已经融化，制冷也恢复正常，蒸发器产生的冷凝水可顺利流入接水盘内并排向室外。

　　由本例可看出，制冷系统缺氟时不但会引起制冷效果差故障，同时也会引起室内机漏水故障，加氟后 2 个故障会同时排除。

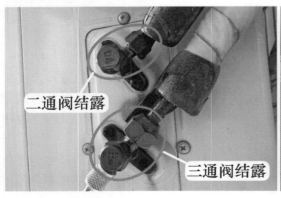

图 3-11　二（三）通阀和蒸发器结露

5. 室内外机连接管道室内侧低于出墙孔

　　室内外机连接管道安装时走向要有坡度，以利于冷凝水顺利排出。见图 3-12 左图，连接管道向下弯曲且低于出墙孔，冷凝水则会积聚在连接管道最低处而不能顺利排出，水管中留有空气，室内机接水盘冷凝水的压力很小，不能将连接管道最低处的冷凝水压向室外，蒸发器的冷凝水一直产生，溢出接水盘后引起室内机漏水。

故障排除方法见图 3-12 右图，重新调整连接管道，使水管保持一定坡度。

图 3-12　连接管道低于出墙孔并调整

6. 室外侧水管低于下水管落水孔

见图 3-13 左图，室外侧的水管弯曲且低于落水孔时，同样引起室内机漏水故障。

故障排除方法见图 3-13 中图，重新整理水管并保持一定的坡度。如果水管插在专用的空调器下水管内，应使用防水胶布将空调器水管绑在下水管落水孔处，以防止水管移动再次引发故障。

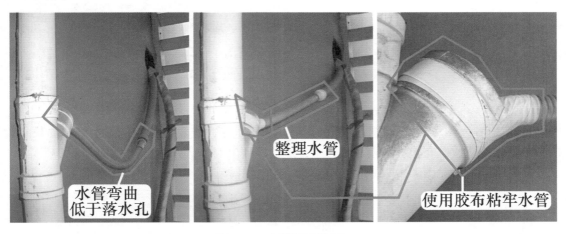

图 3-13　水管低于落水孔

7. 墙孔未堵

空调器安装完成后应使用配套胶泥或泥子粉堵孔，但如果墙孔未堵或未堵严，见图 3-14 左图，下雨时雨水将通过空调器穿墙孔流入室内，引起室内机漏水故障。

故障排除方法见图 3-14 中图和右图，使用塑料袋或玻璃胶堵孔。

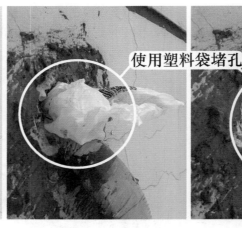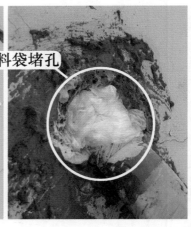

图 3-14　墙孔未堵严和堵墙孔

8. 保温水管和加长水管接头未使用防水胶布包扎

　　见图 3-15，室内侧出墙孔下方流水，常见原因为室外墙孔未堵，下雨时流水倒灌所致，到室外侧检查，出墙孔顶部有一面遮挡墙，即使下雨也不会流入到室内，排除外部因素，说明故障在空调器的室内外机连接管道。

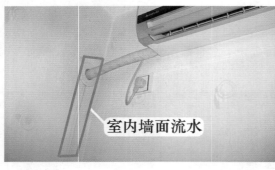

图 3-15　墙面流水和检查出墙孔

　　见图 3-16 左图，剥开连接管道的包扎带，抽出水管，查看故障为保温水管和加长水管的接头处未用防水胶布包扎，接头处渗水，最终导致出墙孔下方流水。

　　故障排除方法见图 3-16 右图，使用防水胶布包扎接头。

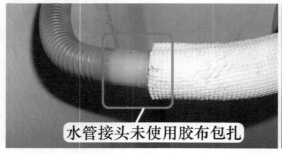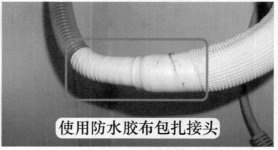

图 3-16　接水未包扎和包扎接头

9. 接水盘和保温水管接头处渗水

空调器新装机室内机漏水，查看连接管道符合安装要求，使用水瓶向蒸发器内倒水时均能顺利流出，排除连接管道走向故障。取下室内机外壳，见图 3-17 左图，查看漏水故障为接水盘和保温水管接头处渗水。

故障排除方法见图 3-17 中图，在接水盘的接头上缠上胶布，增加厚度，再安装保温水管即可排除故障；或者见图 3-17 右图，使用卫生纸擦干冷凝水后，使用不干胶涂在渗水的接头处，也能排除故障。

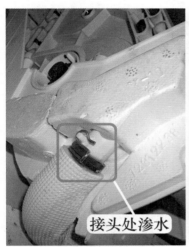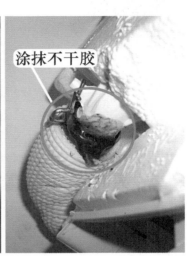

图 3-17　接水盘接头渗水和排除方法

10. 水管被压扁

见图 3-18，查看室内外机连接管道坡度正常，用水瓶向蒸发器倒水时，室外侧水管流水很慢，仔细检查为连接管道出墙孔处弯管角度较小，而水管又在最下边，导致水管被压扁，阻力过大，接水盘内冷凝水不能顺利流出，溢出接水盘后导致室内机漏水。

故障排除方法见图 3-18 中图和右图，将水管从连接管道底部抽出，放在铜管旁边，并握（或捏）回水管压扁的部位。

11. 室内使用水桶接水

见图 3-19 左图，一宾馆内使用的空调器，因室外侧不能排水，将水管留在屋内，使用 1 个矿泉水桶接水。

使用一段时间以后，用户反映室内机漏水。见图 3-19 中图，上门查看时发现水桶已接有半桶水，但水管过长至水桶底部，水管末端已淹没在水桶的积水内，使得空调器加长水管中间部分有空气，而室内机接水盘的冷凝水压力过小，不能将加长水管中间的空气从水管末端顶出，因而冷凝水积在接水盘内，最终导致漏水。

故障排除方法见图 3-19 右图，剪去多余的加长水管，使加长水管的长度刚好在水桶的顶部，水桶的积水不能淹没加长水管的末端，加长水管的空气可顺利排出，室内机漏水故障即可排除。

从本例可以看出，即使室内机高于水桶约有 2m，按常理应能顺利流出，但如果水管内有空气，室内机接水盘的冷凝水则无法流出，最终造成室内机漏水故障。

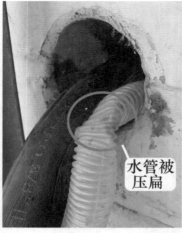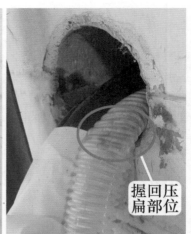

图 3-18　水管被压扁和排除方法

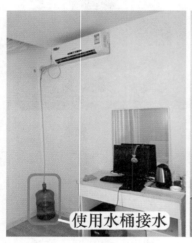

图 3-19　水桶接水和剪去多余水管

见图 3-20 左图，因矿泉水桶的桶口较小，如果加长水管堵塞桶口，水桶内的空气不能排出，导致加长水管内依旧有空气存在，室内机接水盘的冷凝水照样不能流入水桶内，并再次引发室内机漏水故障。

排除方法很简单，一是保证水管不能堵塞水桶桶口，水桶内空气能顺利排出；二是见图 3-20 右图，在水桶上部钻一个圆孔用于排气。

12. 连接管道室内侧水平走向距离过长

安装空调器时对室内外机连接管道的要求是横平竖直，这一要求对于室外侧的连接管道很合理，但对于室内侧的连接管道，需要慎重考虑，主要是由于有加长水管的存在。

见图 3-21 左图，如果室内侧连接管道水平走向距离过长，相对应加长水管处于水平状态的距离也相对过长，此时冷凝水容易积聚在一起堵塞水管，使得加长水管内含有空气，接水盘的冷凝水无法排出，最终导致室内机漏水。

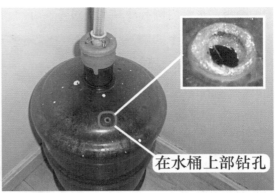

图 3-20　水管堵塞管口和钻孔

故障排除方法见图 3-21 右图，调整水平走向的连接管道，使之具有一定的坡度，这样加长水管内不会有冷凝水积聚，室内机漏水故障也相应排除。

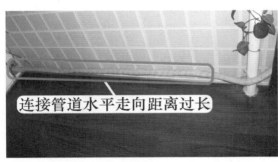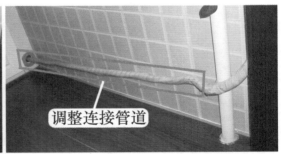

图 3-21　连接管道水平走向距离过长和调整方法

13. 连接管道室内侧低于出墙孔

安装在某医院房间的一批新空调器，用户反映室内机漏水。上门查看室内机安装在房间内，连接管道经走廊到达室外。

见图 3-22 左图，查看连接管道室内部分走向正常。但在走廊部分的走向有故障，见图 3-22 右图，其一为连接管道贴地安装，水平距离过长；其二为出墙孔高于连接管道。这两点均能导致加长水管内积聚冷凝水，使水管内产生空气，最终导致室内机漏水故障。

此种故障常用维修方法是重新调整连接管道，使其走向有坡度，冷凝水才能顺利流出，但用户已装修完毕，不同意更改管道走向。因室内机漏水的主要原因是加长水管中有空气，维修时只要将连接管道的空气排出，室内机漏水的故障也立即排除，最简单的方法是在加长水管上开孔。

（1）在水管处开孔

见图 3-23 左图和中图，开口部位选择在连接管道的最高位置，解开包扎带后使用偏口钳在水管的外侧剪开 1 个豁口，这样水管的空气将通过豁口排出。经长时间开机试验，室内机接水盘的冷凝水可顺利排向室外，室内机不再漏水，故障排除。

见图 3-23 右图，维修完成使用包扎带包扎连接管道时，豁口位置不要包扎，可防止因包扎带堵塞豁口。

说明：水管内侧有冷凝水流过不宜开口，否则将引起开口部位出现漏水故障。

图 3-22　连接管道室内侧低于出墙孔

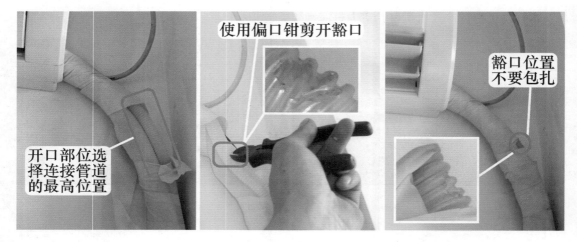

图 3-23　在连接管道最高处位置开口

（2）在水管上插管排空

见图 3-24，如果连接管道的最高位置为保温水管，因保温层较厚不容易开口，可将开口位置下移至加长水管。

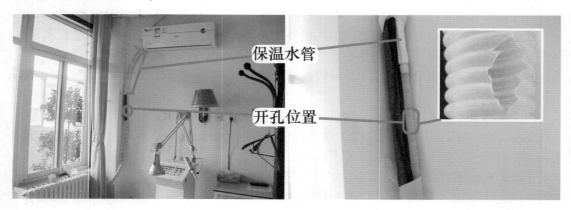

图 3-24　开孔位置选择在加长水管

见图3-25，为防止开口处漏水，可使用1根较粗的管子（早餐米粥配带的塑料管），插在加长水管的开口位置，并使用防水胶布包扎接头，使用包扎带包扎连接管道时，应将管口露在外面以利于排除空气。

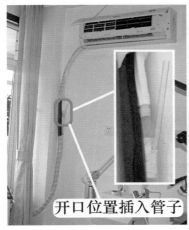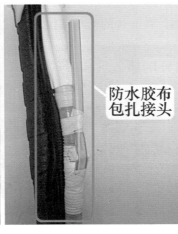

图3-25　在开口位置插入水管

第二节　噪声故障

一、室内机噪声故障

1. 外壳热胀冷缩

见图3-26，空调器开机或关机后，室内机发出轻微的爆裂声音（如"劈啪"声），此种声音为正常现象，原因为室内机蒸发器温度变化使得面板等部位产生膨胀，引起摩擦的声音，上门维修时仔细向用户解释说明即可。

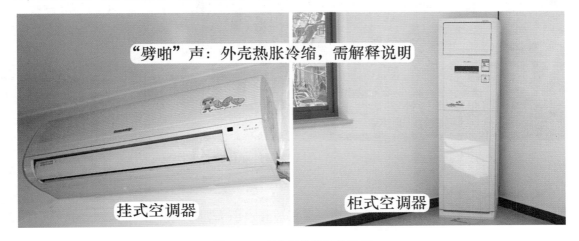

图3-26　室内机热胀冷缩噪声

2. 导风板叶片相互摩擦

室内机在开机时出现断断续续、但声音较小的异常杂音，如果为开启上下或左右导风板功能，上下或左右叶片转动时发出异响，停止转动时异响消失，常见原因为上下或左右叶片摩擦导致，见图3-27左图。

故障排除方法见图3-27右图，在叶片的活动部位涂抹黄油，以减少摩擦阻力。

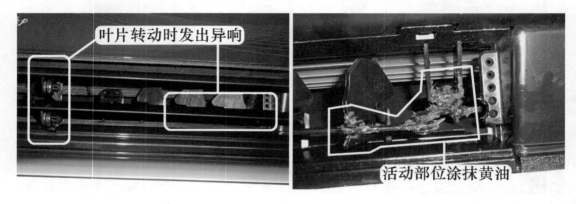

图3-27　风门叶片转动异响和排除方法

3. 变压器共振

室内机在开机后发出"嗡嗡"声，遥控关机后故障依旧，通常为变压器故障，常见原因有变压器与电控盒外壳共振、变压器自身损坏发出"嗡嗡"声，见图3-28左图。

维修时应根据情况判断故障，见图3-28右图，如果为共振故障，应紧固固定螺钉；如果为变压器损坏，应更换变压器。

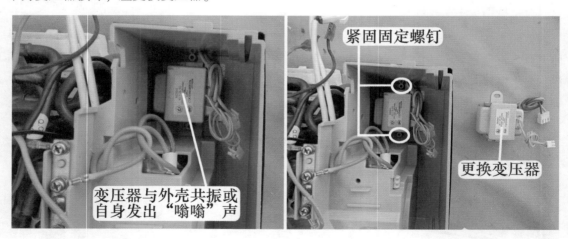

图3-28　变压器共振和排除方法

4. 室内风机共振

室内机开机后右侧发出"嗡嗡"声，关机后噪声消失，再次开机如果按压室内机右侧噪声消除，则故障通常为室内风机与外壳共振，见图3-29左图。

故障排除方法是调整室内风机位置，见图3-29右图，使室内风机在处于某一位置时

"嗡嗡"声消除即可，在实际维修时可能需要反复调整几次才能排除故障。

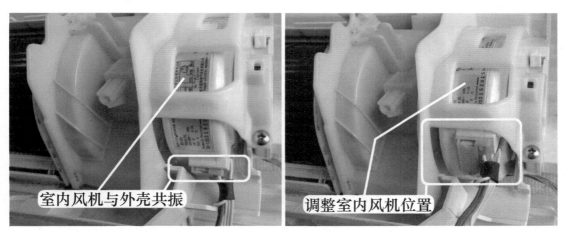

图 3-29　室内风机共振和排除方法

5. 轴套缺油

室内机在开机后或运行一段时间以后，左侧出现比较刺耳的金属摩擦声，如果随室内风机转速变化而变化，见图 3-30，常见原因为贯流风扇左侧的轴套缺油，维修时应使用耐高温的黄油涂抹在轴套中间圆孔，即可排除故障。

注意：应使用耐高温的黄油，不得使用家庭炒菜用的食用油，因其不耐高温，一段时间以后干涸，会再次引发故障。

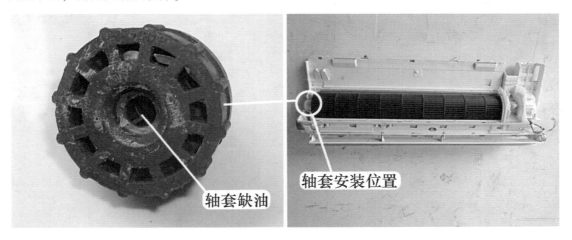

图 3-30　轴套缺油

6. 贯流风扇碰外壳

室内机开机后或运行一段时间以后，如果左侧或右侧出现连续的塑料摩擦声，见图 3-31 左图，常见原因为贯流风扇与外壳距离较近而相互摩擦，导致异常噪声。

故障排除方法是调整贯流风扇位置，见图 3-31 右图，使其左侧和右侧与室内机外壳保持相同的距离。

说明：贯流风扇与外壳如果距离过近，摩擦阻力较大，室内风机因起动不起来而不能运行，则约 1min 后整机停机，并报出"无霍尔反馈"的故障代码。

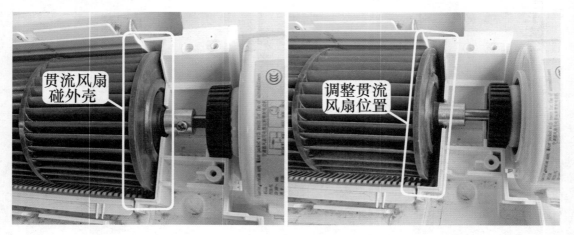

图 3-31　贯流风扇碰外壳和排除方法

7. 室内风机轴承异响

室内机右侧在开机后或运行一段时间以后，出现声音较大的金属摩擦的"哒哒"声，检查故障为室内风机异响，见图 3-32 左图，常见原因通常为内部轴承缺油。

故障排除方法是更换室内风机或更换轴承，见图 3-32 右图，轴承常用型号为 608Z。

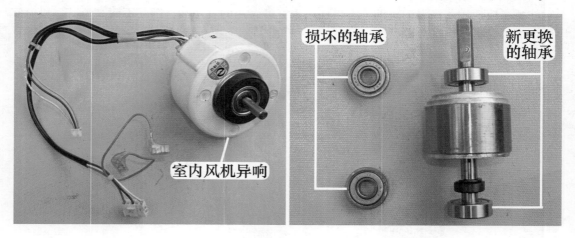

图 3-32　室内风机异响和更换轴承

二、室外机噪声故障

1. 室外机机内铜管相碰

见图 3-33 左图，室外机开机后出现声音较大的金属碰撞声，通常为室外机机内管道距离过近，压缩机运行后因振动较大使得铜管相互摩擦，导致室外机噪声大故障。

故障排除方法是调整室外机内管道，见图 3-33 右图，使距离过近的铜管相互分开，在压缩机运行时不能相互摩擦或碰撞。

室外机机内管道常见故障有：四通阀的 4 根铜管相互摩擦、压缩机排气管或吸气管与压缩机摩擦、冷凝器与外壳摩擦等。

距离过近的铜管摩擦时间过长以后，容易磨破铜管，制冷系统的制冷剂全部泄漏，造成空调器不制冷故障。

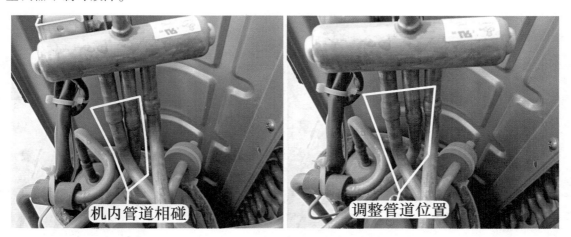

图 3-33　机内管道相碰和排除方法

2. 室外风机运行时噪声大

室外机在开机后或运行一段时间以后，如果出现较大的声音，并且室外机振动较大，见图 3-34 左图，故障通常为室外风扇叶片烂，故障排除方法是更换室外风扇。

室外机在开机后或运行一段时间以后，如果出现较大的金属摩擦声音，即使断开压缩机供电和取下室外风扇后故障依旧，说明故障为室外风机异响，见图 3-34 右图，故障排除方法是更换室外风机或更换室外风机轴承。

图 3-34　室外风机叶片烂和室外风机异响

3. 压缩机运行时噪声大

用户反映室外机噪声大，如果上门检查时室外机无异常杂音，只是压缩机声音较大，可向用户解释说明，一般不需要更换压缩机。

4. 室外墙壁薄

如果室外机运行后，在室内的某一位置能听到较强的"嗡嗡"声，但在室外机附近无"嗡嗡"声只有运行声音时，见图3-35，一般为室外机与墙壁共振而引起，此种故障通常出现在室外机安装在阳台、简易彩板房等墙壁较薄的位置，故障排除方法是移走室外机至墙壁较厚的位置。

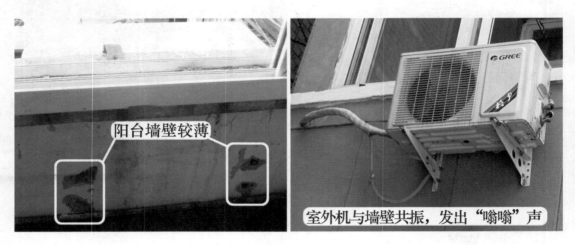

图3-35 墙壁较薄时和室外机共振

5. 室外机安装不符合要求

室外机支架的距离一般要求和室外机固定孔距离相同，见图3-36左图，如果支架距离过近，室外机则不能正常安装，其中的1个螺孔不能安装，容易引起室外机与支架共振、出现噪声大的故障。

见图3-36右图，如果支架距离和室外机固定孔距离相同，但少安装固定螺钉，则室外机与支架同样容易引起共振、出现噪声大的故障。

图3-36 室外机支架安装不规范

第四章 空调器电控系统主要元器件

第一节 主板电子元件

一、保险管

1. 外形与作用

实物外形见图 4-1。保险管两端为金属壳，中间为玻璃管，熔丝安装在玻璃管内，并连接两端的金属壳。保险管在电路中起短路保护作用，其额定电流标于金属壳上面，空调器通常使用的额定电流为 3.15A。

保险管安装在强电电路，通常设有专用管座，由于连接交流 220V 且两端为金属壳，为防止维修时触电，或由于电流过大引起玻璃破碎四处乱散，一般在管座外面加装有塑料套或塑料护罩。

未安装辅助电加热的空调器，只设有 1 个 3.15A 的主板供电保险管。安装有辅助电加热的空调器，设有 2 个保险管，其中额定电流 12.5A 的保险管为辅助电加热供电。

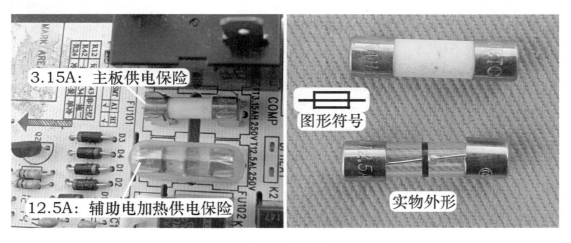

图 4-1 保险管

2. 根据保险管熔断情况判断故障

见图 4-2。

① 正常的保险管：能看到内部的熔丝没有断。

② 熔丝断但管壁干净：由于负载电流超过保险管额定值引起，说明负载有轻微短路的故障。

③ 管壁乌黑：由于负载严重短路引起，常见为压敏电阻击穿、室内风机或室外风机线

圈短路、室内外机连接线绝缘层破损而引起的短路等。

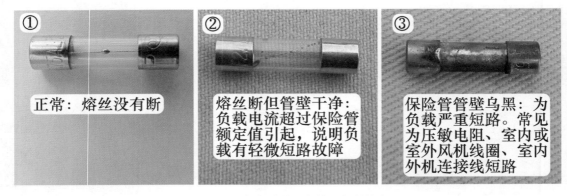

图 4-2　根据保险管熔断情况判断故障

3. 测量保险管阻值

见图 4-3，断开空调器电源，使用万用表电阻挡，测量保险管阻值，正常为 0Ω；如实测阻值为无穷大，为保险管开路损坏，常见为保险管内部熔丝熔断。

注意：为防止触电和损坏万用表，测量阻值一定要断开空调器电源。

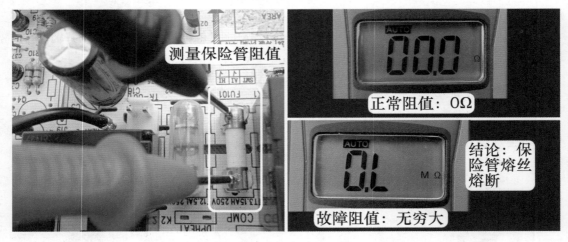

图 4-3　测量保险管阻值

二、7805 和 7812 稳压块

1. 外形和作用

（1）7805 和 7812

见图 4-4。7805 和 7812 使用在直流电压的稳压电路，作用是在电网电压变化时保持主板直流 5V 和 12V 电压的稳定，安装在主滤波电容附近。由于节省成本的考虑及直流 12V 负载情况，部分主板设计时取消了 7812 稳压块。

7805 和 7812 均设有 3 个引脚，从左到右依次为：输入端、地、输出端；最高输出电流为 1.5A，最高输入电压为直流 35V。7805 和 7812 有铁壳和塑封两种封装方式，使用铁壳封装时，铁壳（即散热片）和地脚相通。

78 后面的数字代表输出正电压的数值,以"V"为单位。5V 稳压块表面印有 7805 字样,其输出端为稳定的 5V;12V 稳压块表面印有 7812 字样,其输出端为稳定的 12V。前面英文字母为生产厂家或公司代号,后缀为系列号。

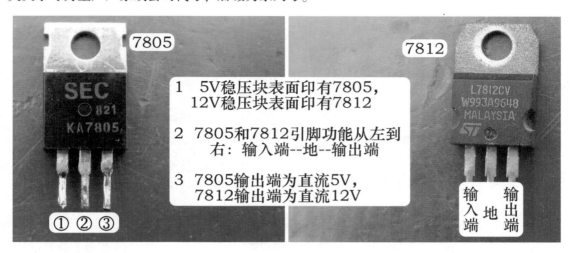

图 4-4　7805 和 7812

(2) 78L05

见图 4-5,部分空调器主板 5V 稳压电路中使用 78L05,外形同晶体管,其作用和 7805 相同,均为 5V 稳压块,其输出端为稳定的直流 5V 电压。

和 7805 相比,其最大输出电流约为 7805 的 1/10,即 150mA(0.15A),最高输入电压约为直流 18V。共有 3 个引脚,①脚为输出端、②脚为地、③脚为输入端,引脚功能和 7805 刚好相反。

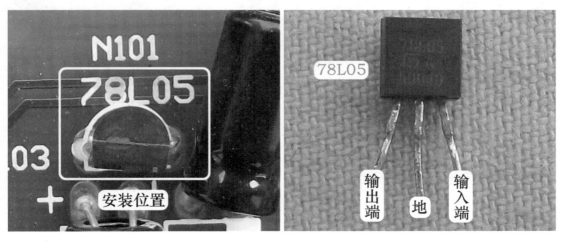

图 4-5　78L05

2. 测量 7812 输入端和输出端电压

使用万用表直流电压挡,测量 7812 的输入端和输出端电压。说明:示例主板为中意某型号挂式空调器上所使用,7812 设有散热片,为使图片上清晰,测量时取下了散热片。

（1）测量 7812 输入端电压（见图 4-6）

黑表笔接②脚地（实测时接铁壳也可以）、红表笔接①脚输入端，实测电压约为 19V，此电压由变压器二次绕组经整流滤波电路直接提供，因此随电网电压变化而变化。如果实测电压为 0V，常见为变压器一次绕组开路、或整流滤波电路出现故障。

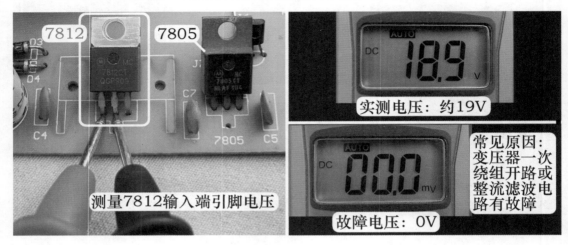

图 4-6　测量 7812 输入端电压

（2）测量 7812 输出端电压（见图 4-7）

黑表笔接②脚地、红表笔接③脚输出端，正常电压应为稳定的直流 12V；如果实测电压为 0V，常见为 7812 损坏或 12V 负载有短路故障。

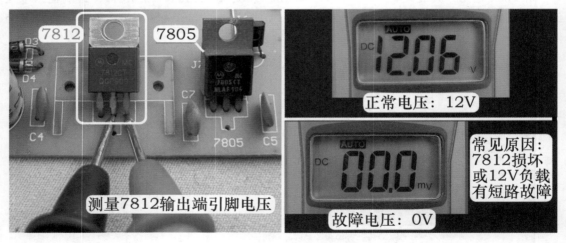

图 4-7　测量 7812 输出端电压

3. 测量 7805 输入端和输出端电压

选用格力 KFR-23G（23570）Aa-3 挂式空调器室内机主板，未设 7812 稳压块，测量 7805 输入端和输出端电压。

（1）测量 7805 输入端电压（见图 4-8）

黑表笔接 7805 的②脚地、红表笔接①脚输入端，实测电压约为直流 14V，此电压由变压器二次绕组经整流滤波电路直接提供，因此随电网电压变化而变化。如果实测电压为 0V，常见为变压器一次绕组开路、或整流滤波电路出现故障。

　　说明：如果室内机主板设有 7812 稳压块，则 7805 输入端电压为稳定的直流 12V。

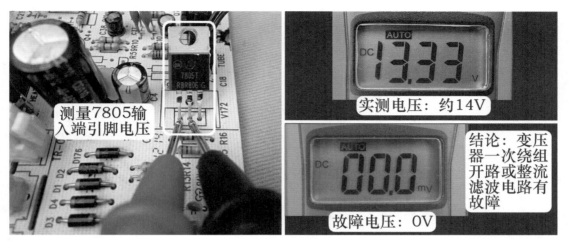

图 4-8　测量 7805 输入端电压

　　（2）测量 7805 输出端电压（见图 4-9）

　　黑表笔接 7805 的②脚地、红表笔接③脚输出端，正常电压为稳定的直流 5V；如果实测电压为 0V，常见为 7805 损坏或 5V 负载有短路故障。

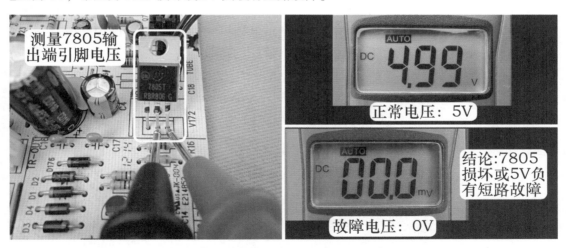

图 4-9　测量 7805 输出端电压

三、继电器

　　继电器分为两侧，一侧为触点端，连接强电负载；一侧为线圈端，连接弱电驱动控制，是一种用较小的电流去控制大功率负载的"自动开关"。

1. 基础知识

（1）工作原理

见图4-10，继电器由线圈、触点、衔铁、引脚等组成，触点分为动触点和静触点，动触点固定在衔铁上面，静触点连接引脚；线圈未通电时，动触点和静触点断开；当工作时线圈得到供电，线圈产生电磁吸力，吸引衔铁移动，使动触点和静触点闭合。

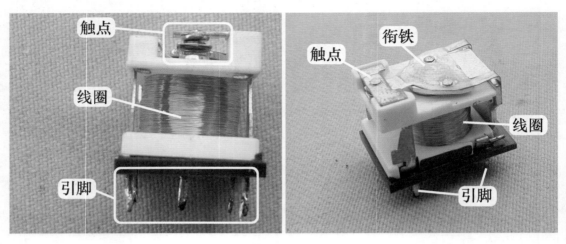

图4-10　内部结构

（2）主要参数

继电器主要参数为线圈工作电压和触点电流。例如型号为JZC-32F的继电器，见图4-11左图，线圈工作电压为直流12V，使用在交流250V电路时触点电流为5A，使用在交流125V电路时触点电流为10A。

见图4-11右图，继电器下方共有4个引脚，其中一侧平行的2个引脚为线圈，接弱电驱动控制；另一侧不平行的2个引脚为触点，接强电负载。

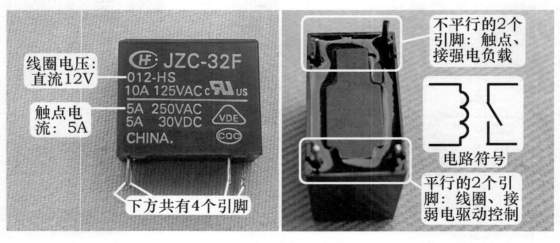

图4-11　主要参数和引脚功能

2. 压缩机继电器

见图4-12左图，压缩机继电器也是继电器的一种，因驱动压缩机而得名，外观主要特点是上方带有2个接线端子。型号为JQX-102F的压缩机继电器，线圈工作电压同样为直流

12V，触点电流工作在交流 250V 电路时为 20A。

见图 4-12 右图，下方共有 4 个引脚，其中 1 脚和 2 脚为线圈引脚，接弱电驱动控制；3 脚和 4 脚为触点引脚，和上方的 2 个接线端子相通，接强电负载即压缩机线圈。

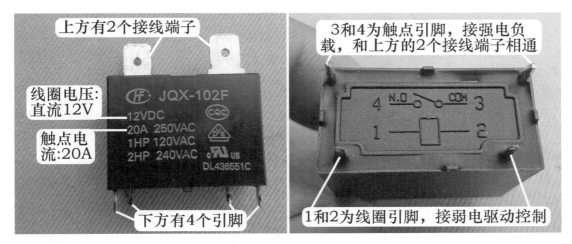

图 4-12　压缩机继电器主要参数和引脚功能

3. 测量线圈阻值

使用万用表电阻挡，测量继电器线圈阻值。继电器触点电流（即所带负载的功率）不同，线圈阻值也不相同，符合功率大其线圈阻值小、功率小其线圈阻值大的特点。

见图 4-13，实测压缩机继电器线圈阻值约 150Ω；而室外风机、四通阀线圈、辅助电加热的继电器线圈正常阻值在 200 ~ 700Ω。

如果实测线圈阻值为无穷大，则说明线圈开路损坏。

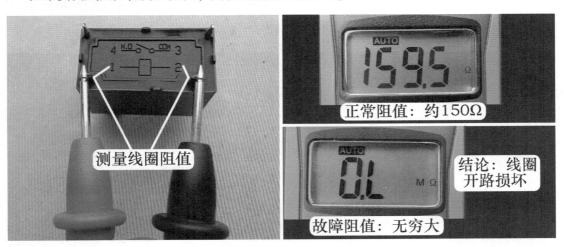

图 4-13　测量继电器线圈阻值

4. 测量触点阻值

使用万用表电阻挡，测量继电器触点阻值，分 2 次即静态测量和动态测量，静态测量指继电器线圈电压为直流 0V 时，动态测量指继电器线圈电压为直流 12V 时。

（1）直流 12V 电压

使用 1 块正常的主板，在 7812 输出端与地端焊上 2 根引线，即从主板上引出直流 12V，不分反正，焊至继电器的线圈引脚。

（2）静态测量

见图 4-14，主板不通电源，即继电器线圈电压为直流 0V，此时触点处于断开状态，阻值应为无穷大。如实测阻值为 0Ω，说明继电器内部触点粘连故障，引起只要空调器通上电源，继电器所连接的负载（如室外风机）就开始工作。

（3）动态测量

见图 4-15，将主板通上电源，继电器线圈工作电压为直流 12V，此时触点处于闭合状态，阻值应为 0Ω；如实测阻值为无穷大，说明内部触点由于积炭导致锈蚀，继电器所连接的负载（如压缩机）在开机后由于没有交流 220V 电压而不能工作。

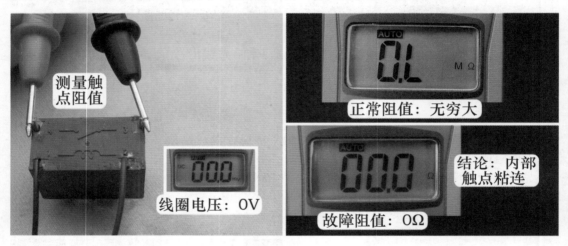

图 4-14 静态测量继电器触点阻值

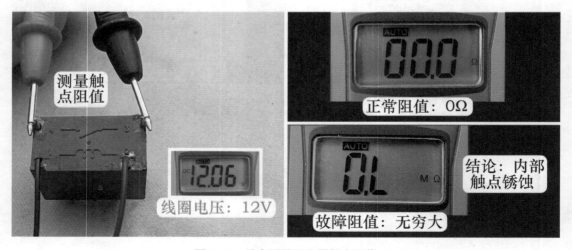

图 4-15 动态测量继电器触点阻值

第二节 电 气 元 件

一、遥控器

1. 组成

遥控器是一种远控机械的装置,遥控距离≥7m,见图4-16,由电路板、显示屏、按键、后盖、前盖、电池盖组成,控制电路单设有一个CPU,位于电路板上面。

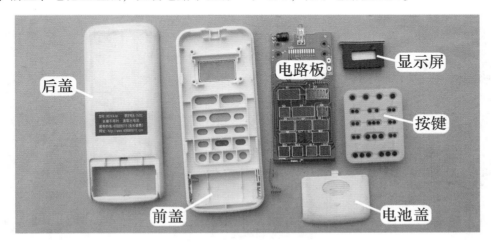

图4-16 组成

2. 遥控器检查方法

遥控器发射的红外线信号,肉眼看不到,但手机的摄像头却可分辨出来。方法是使用手机的摄像功能,见图4-17,将遥控器发射二极管对准手机摄像头,在按压按键(如开关键)的同时观察手机屏幕,如果在手机屏幕上观察到发射二极管发光,则说明遥控器正常,如按压按键同时,发射二极管并不发光,则说明遥控器有故障。

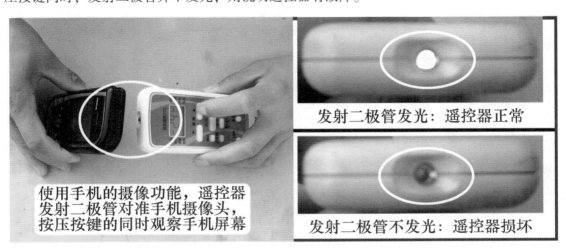

图4-17 使用手机检查遥控器

3. 万能遥控器

如果原机遥控器损坏，暂时没有配件，可使用万能遥控器，实物外形见图 4-21 左图。万能遥控器顾名思义，就是通过改变内部主板存储的编码，使之与空调器编码相匹配，即可控制很多品牌或型号的空调器。新购买的万能遥控器需要与空调器相匹配才能使用，如果未进行匹配，则万能遥控器仍不能控制空调器。

见图 4-18 中图，早期万能遥控器通常为手动型，就是通过查看遥控器附带"使用说明书"上标注品牌空调器的代码型号（编号），一个一个来试，当万能遥控器能控制空调器时即说明匹配成功。

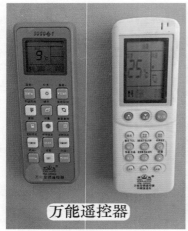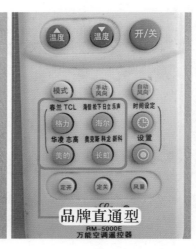

图 4-18　万能遥控器

见图 4-18 右图，目前万能遥控器则通常为自动型（品牌直通型），即遥控器按键上标注有空调器的品牌，选择对应品牌，其自动发送与之相对应的代码型号，当空调器自动开机即说明匹配成功。

例：见图 4-19，使用品牌直通型万能遥控器匹配格力品牌的某一型号空调器时，将空调器通上电源但不开机，遥控器发射头对准室内机的接收器位置，并一直按压"格力"按

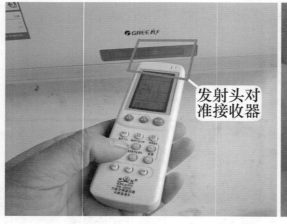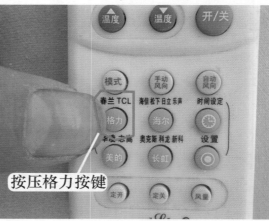

图 4-19　使用品牌直通型万能遥控器匹配格力空调器

键，万能遥控器只发送对应为"格力空调器"编码的"开关机"命令，当听到室内机蜂鸣器响1声后开机，说明万能遥控器匹配成功，并迅速松开"格力"按键，再检查确定一下遥控器其他功能按键"如模式键"是否正常，均正常则确定匹配成功，如不正常则需要重新再搜索一次。

二、接收器

1. 安装位置

显示板组件通常安装在前面板或室内机的右下角，美的 KFR-26GW/DY-B（E5）空调器显示板组件使用指示灯 + 数码管的方式，见图 4-20，安装在前面板，前面板留有透明窗口，称为接收窗，接收器对应安装在接收窗后面。

2. 工作原理和引脚功能判断方法

接收器常见型号为 0038 和 1838，实物外形和引脚功能分别见图 4-24 中图和图 4-25 中图。工作电压为直流 5V，共有 3 个引脚，功能分别为：地、电源（5V）、输出（信号）。外观为黑色，部分型号表面有铁皮包裹，通常和发光二极管（或数码管）一起设计在显示板组件上。

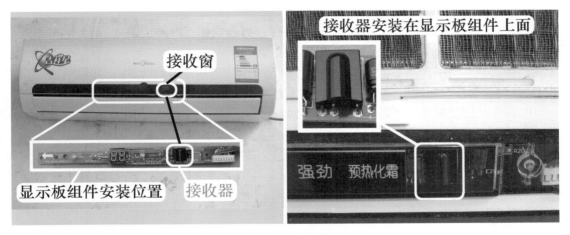

图 4-20　接收器

（1）工作原理

接收器内部含有光敏元件，通过接收窗口接收某一频率范围的红外线。当接收到相应频率的红外线，光敏元件产生电流，经内部 I-V 电路转换为电压，再经过滤波、比较器输出脉冲电压、内部晶体管电平转换，接收器的输出引脚输出脉冲信号送至 CPU 处理。

接收器对光信号的敏感区由于开窗位置不同有所不同，且不同角度和距离其接收效果也有所不同；通常光源与接收器的接收面角度越接近直角，接收效果越好，接收距离一般大于 7m。

接收器实现光电转换，将确定波长的光信号转换为可检测的电信号，因此又叫光电转换器。由于接收器接收的是红外光波，因此其周围的光源、热源、节能灯、荧光灯及发射相近频率的电视机遥控器等都有可能干扰空调器的正常工作。

（2）引脚功能判断方法

在维修时如果不知道接收器引脚功能，见图 4-21，可查看显示板组件上滤波电容的正极和负极引脚、连接至接收器引脚加以判断：滤波电容正极连接接收器供电（电源）引脚、负极连接地引脚，接收器的最后 1 个引脚为输出（信号）。

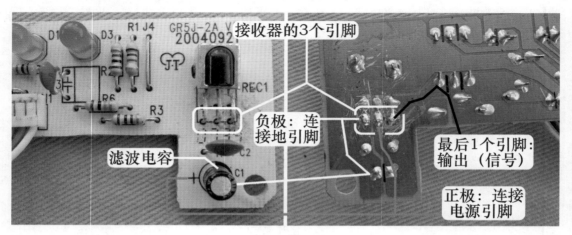

图 4-21 接收器引脚功能判断方法

3. 动态测量接收器输出引脚电压

见图 4-22，使用万用表直流电压挡，黑表笔接接收器地引脚（GND）、红表笔接输出引脚（OUT）。

① 接收器输出引脚静态电压：在无信号输入时电压应稳定，约为 5V。如果电压一直在 2～4V 跳动，为接收器漏电损坏，故障表现为有时接收信号有时不能接收信号。

② 按压按键遥控器发射信号，接收器接收并处理，输出引脚电压瞬间下降（约 1s）至约 3V。

③ 松开遥控器按键，遥控器不再发射信号，接收器输出引脚电压上升至静态电压约 5V。如果接收器接收信号时，输出引脚电压一直不下降即保持不变，为接收器不接收遥控信号故障，应更换接收器。

4. 常见故障维修方法

出现不能接收遥控信号故障，在维修中占到很大比例，为空调器通病，故障一般使用 3 年左右出现，原因为某些型号的接收器使用铁皮固定，并且引脚较长，在天气潮湿时，接收器受潮，3 个引脚发生氧化锈蚀，使接收导电能力变差，导致不能接收遥控信号故障。

实际上门维修时，如果用螺丝刀把轻轻敲击接收器表面或用烙铁加热接收器引脚，见图 4-23，均能使故障暂时排除，但不久还会再次出现故障。根本解决方法为更换接收器，并且在引脚上面涂上一层绝缘胶，使引脚不与空气接触，目前新出厂空调器的接收器引脚已涂上绝缘胶。

5. 接收器代换方法

① 使用 0038 接收器的显示板组件用 1838 代换：将 1838 接收器引脚掰弯，按功能顺序焊入显示板组件，代换过程见图 4-24，注意不要将引脚相连导致短路故障。

② 使用 1838B 接收器的显示板组件用 0038 代换：将 0038 接收器引脚掰弯，按功能顺序焊入显示板组件，代换过程见图 4-25，注意不要将引脚相连导致短路故障。

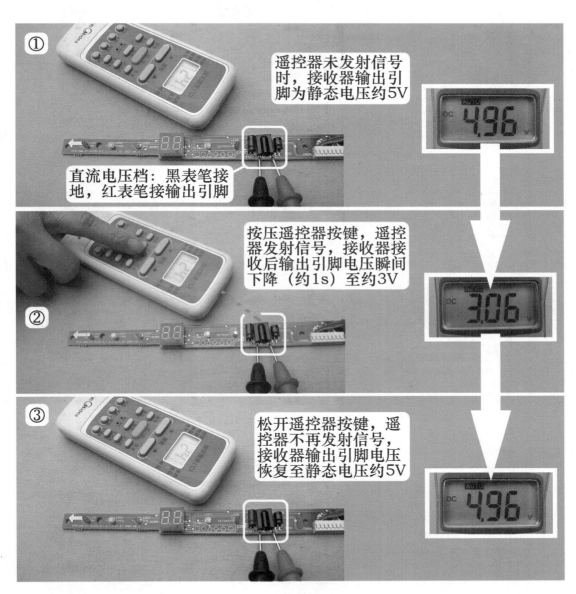

遥控器未发射信号时，接收器输出引脚为静态电压约5V

直流电压档：黑表笔接地，红表笔接输出引脚

按压遥控器按键，遥控器发射信号，接收器接收后输出引脚电压瞬间下降（约1s）至约3V

松开遥控器按键，遥控器不再发射信号，接收器输出引脚电压恢复至静态电压约5V

图4-22　动态测量接收器输出引脚电压

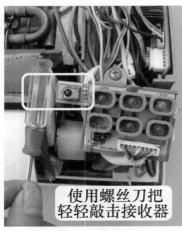

使用螺丝刀把轻轻敲击接收器

使用烙铁头加热接收器引脚

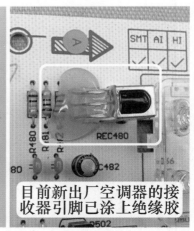

目前新出厂空调器的接收器引脚已涂上绝缘胶

图 4-23　接收器涂胶部位和应急修理方法

使用0038接收器的显示板组件

地　电源　输出

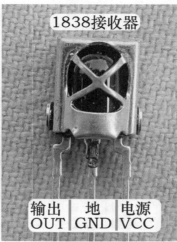

1838接收器

输出	地	电源
OUT	GND	VCC

代换完成

图 4-24　使用 0038 接收器的显示板组件用 1838 代换

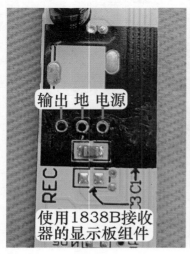

输出　地　电源

使用1838B接收器的显示板组件

0038接收器

地	电源	输出
GND	VCC	OUT

代换完成

图 4-25　使用 1838B 接收器的显示板组件用 0038 代换

三、传感器

1. 安装位置

（1）室内环温传感器

见图4-26，固定支架安装在室内机的进风面，作用是检测室内房间温度。

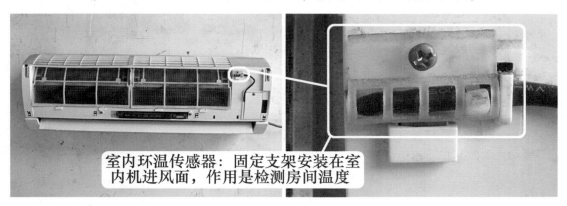

图4-26　室内环温传感器安装位置

（2）室内管温传感器

见图4-27，检测孔焊在蒸发器的管壁上，作用是检测蒸发器温度。

图4-27　室内管温传感器安装位置

2. 传感器特性

空调器使用的温度传感器为负温度系数的热敏电阻，负温度系数是指温度上升时其阻值下降，温度下降时其阻值上升。

以美的空调器使用型号为25℃/10kΩ的管温传感器为例，测量在降温（15℃）、常温（25℃）、加热（35℃）的3个温度下，传感器的阻值变化情况。

① 图4-28为降温（15℃）时测量传感器阻值，实测为16.1kΩ。

② 图4-29为常温（25℃）时测量传感器阻值，实测为10kΩ。

③ 图4-30为加热（35℃）时测量传感器阻值，实测为6.4kΩ。

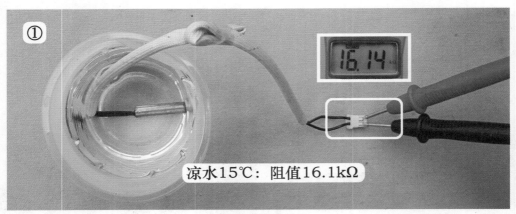

凉水15℃：阻值16.1kΩ

图 4-28 降温测量

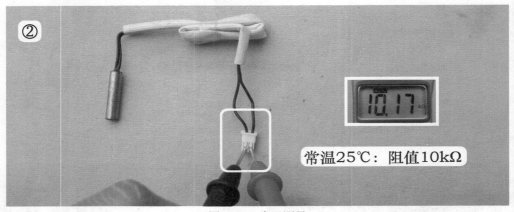

常温25℃：阻值10kΩ

图 4-29 常温测量

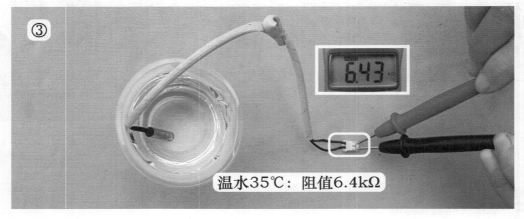

温水35℃：阻值6.4kΩ

图 4-30 加热测量

四、变压器

1. 安装位置

见图 4-31，挂式空调器的变压器安装在室内机电控盒上方的下部位置，柜式空调器的变压器安装在电控盒的左侧位置。

说明：如果主板电源电路使用开关电源，则不再使用变压器。

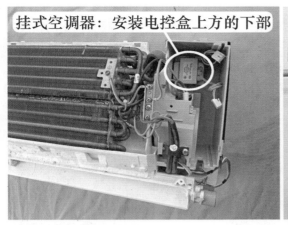
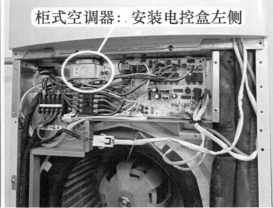

图 4-31 安装位置

2. 工作原理

变压器插座在主板上英文符号为 T 或 TRANSE。变压器通常为 2 个插头，大插头为一次绕组，小插头为二次绕组。变压器工作时将交流 220V 电压降低到主板需要的电压，内部含有一次和二次两个绕组，一次绕组通过变化的电流，在二次绕组产生感应电动势，因一次绕组匝数远大于二次绕组，所以二次绕组感应的电压为较低电压。

图 4-32 左图为 1 路输出型变压器，通常用于挂式空调器电控系统，二次绕组输出电压为交流 11V（额定电流 550mA）；图 4-32 右图为 2 路输出型变压器，通常用于柜式空调器电控系统，二次绕组输出电压分别为交流 12.5V（400mA）和 8.5V（200mA）。

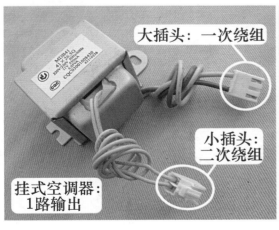
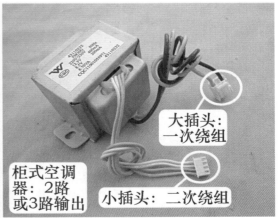

图 4-32 实物外形

3. 测量绕组阻值

以格力 KFR-120LW/E（1253L）V-SN5 柜式空调器使用的 2 路输出型变压器为例，使用万用表电阻挡，测量一次绕组和二次绕组阻值。

（1）测量一次绕组阻值（见图 4-33）

一次绕组使用的铜线线径较细且匝数较多，所以阻值较大，正常为 200～600Ω，实测阻值 203Ω。

一次绕组阻值根据变压器功率的不同，实测阻值也各不相同，柜式空调器使用的变压器功率大，实测时阻值小（本例为 200Ω）；挂式空调器使用的变压器功率小，实测时阻值大【实测格力 KFR-23G（23570）/Aa-3 变压器阻值约 500Ω】。

如果实测时阻值为无穷大，则为一次绕组开路故障，常见原因有绕组开路或内部串接的温度保险开路。

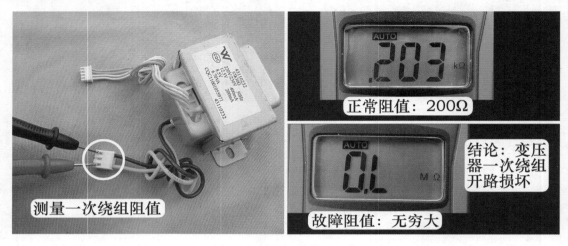

图 4-33　测量一次绕组阻值

（2）测量二次绕组阻值：见图 4-34。

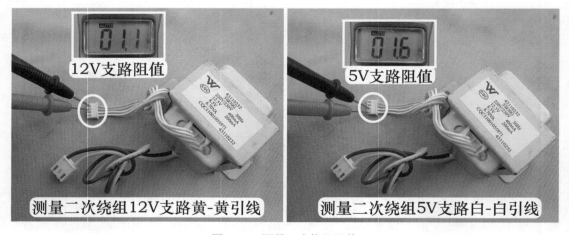

图 4-34　测量二次绕组阻值

二次绕组使用的铜线线径较粗且匝数较少，所以阻值较小，正常为 0.5～2.5Ω。实测直流 12V 供电支路（由交流 12.5V 提供、黄-黄引线）的线圈阻值为 1.1Ω，直流 5V 供电支路（由交流 8.5V 提供、白-白引线）的线圈阻值为 1.6Ω。

二次绕组短路时阻值和正常时阻值接近，所以使用万用表电阻挡不容易判断是否损坏。

常见为二次绕组短路故障，表现为屡烧保险管和一次绕组开路，检修时如表面温度过高，检查室内机主板和供电电压无故障后，可直接更换变压器。

4. 测量变压器绕组插座电压

（1）测量变压器一次绕组电压

使用万用表交流电压挡，见图4-35，测量变压器一次绕组插座电压，由于与交流220V电源并联，因此正常电压为交流220V。

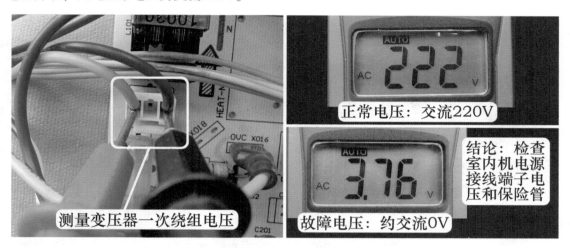

图4-35　测量变压器一次绕组电压

如果实测电压为0V，可以判断变压器一次绕组无供电，表现为整机上电无反应的故障现象，应检查室内机电源接线端子电压和保险管阻值。

（2）测量变压器二次绕组电压

见图4-36左图，变压器二次绕组黄-黄引线输出电压经整流滤波后为直流12V负载供电，使用万用表交流电压挡实测电压约为交流13V。如果实测电压为交流0V，在变压器一次绕组供电电压正常的前提，可大致判断变压器损坏。

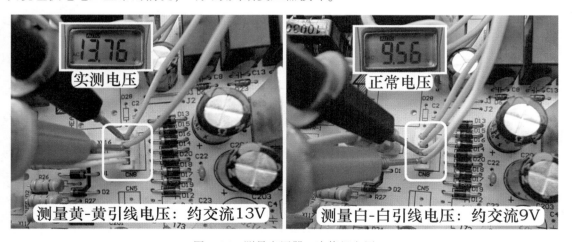

图4-36　测量变压器二次绕组电压

见图4-36右图，二次绕组白-白引线输出电压经整流滤波后为直流5V负载供电，实测电压约为交流9V。同理，如果实测电压为交流0V，在变压器一次绕组供电电压正常的前提下，也可大致判断变压器损坏。

五、压缩机和室外风机电容

1. 安装位置

见图4-37，压缩机和室外风机安装在室外机，因此压缩机电容和室外风机电容也安装在室外机，并且安装在室外机专门设计的电控盒内。

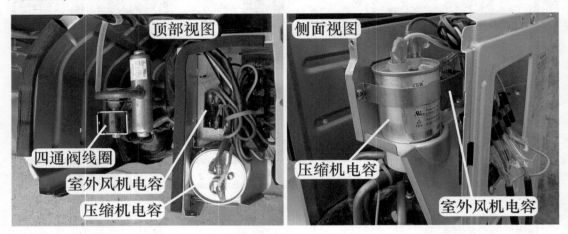

图4-37 安装位置

2. 实物外形和主要参数

见图4-38。

1）容量：由压缩机或室外风机的功率决定，即不同的功率选用不同容量的电容。常见使用的规格见表4-1。

表4-1 常见电容使用规格

挂式室内风机电容容量：$1 \sim 2.5\mu F$	柜式室内风机电容容量：$2.5 \sim 5\mu F$
室外风机电容容量：$2 \sim 7\mu F$	压缩机电容容量：$20 \sim 70\mu F$

2）耐压：电容工作在交流（AC）电源且电压为220V，因此耐压值通常为交流450V（450VAC）。

3）CBB61（65）：为无极性的聚丙烯薄膜交流电容器，具有稳定性好、耐冲击电流、过载能力强、损耗小、绝缘阻值高等优点。

3. 综述

1）英文符号：风机电容 FAN CAP、压缩机电容 COMP CAP。

2）作用：压缩机与室外风机在起动时使用。单相电机通入电源时，首先对电容充电，使电机起动绕组中的电流超前运行绕组90°，产生旋转磁场，电机便运行起来。

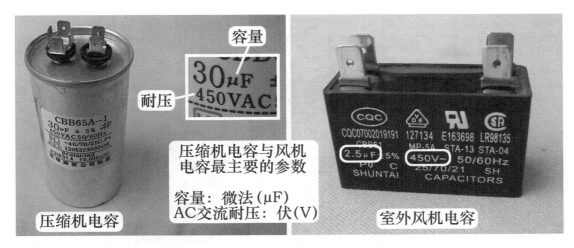

图 4-38　主要参数

3）特点：由于为无极性的电容，2 组接线端子的作用相同，使用时没有正负之分。

4）表 4-2 为空调器制冷量与压缩机电容容量的大致对应关系。

表 4-2　制冷量与压缩机电容容量的对应关系

1P（制冷量 2500W）：25μF	1.5P（制冷量 3500W）：35μF
2P（制冷量 5000W）：50μF	3P（制冷量 7000W）：70μF

5）风机转速快慢与电容容量无关系，决定风机转速的因素是线圈极数，如通过增加电容容量来增加风机转速的想法是不可取的，并且容易因过热损坏风机线圈。风机线圈极数与转速（r/min）对应关系见表 4-3。

表 4-3　风机线圈极数与转速对应关系

2 极：2900r/min	4 极：1450r/min
6 极：950r/min	8 极：720r/min

6）更换风机电容、压缩机电容时要根据原电容容量和耐压值选用。耐压值一般为交流 450V，容量误差应为原容量的 20% 以内，如相差太多，则容易损坏电机。

4. 压缩机电容接线端子

见图 4-39，压缩机电容也设有 2 组接线端子，1 组为 4 片，1 组为 2 片；为 4 片的接线端子功能：接室外机接线端子上零线（N）、接压缩机运行绕组（R）、接室外风机线圈使用的零线（N）、接四通阀线圈使用的零线（N）；只有 2 片的 1 组只使用 1 片，接压缩机起动绕组（S）。

说明：如果室外风机或四通阀线圈使用的零线（N），连接至室外机接线端子上的零线（N），则压缩机电容只连接 2 根引线，即室外机接线端子上零线（N）和压缩机运行绕组（R）。

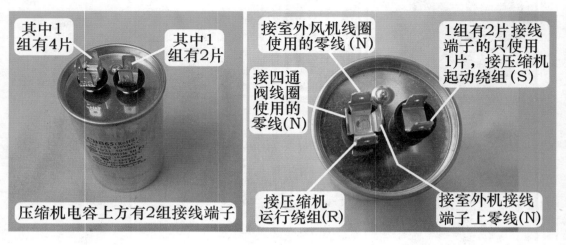

图 4-39 压缩机电容接线端子功能

5. 检查方法

（1）根据外观判断压缩机电容

见图 4-40，如果电容底部发鼓，放在桌面（平面）上左右摇晃，说明电容无容量损坏，可直接更换。正常的电容底部平坦，放在桌面上很稳。

说明：如电容底部发鼓，肯定损坏，可直接更换；如电容底部平坦，也不能证明肯定正常，应使用其他方法检测或进行代换。

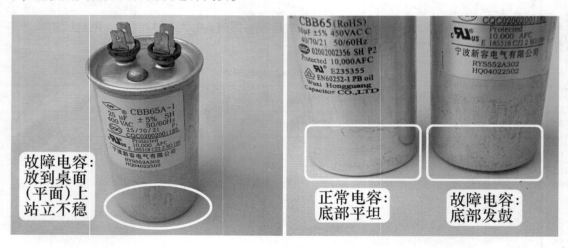

图 4-40 根据外观判断压缩机电容

（2）充放电法

见图 4-41，将电容的接线端子接上 2 根引线，通入交流电源（220V）约 1s 对电容充电，然后短接引线两端对电容放电，根据放电声音判断故障：声音很响，电容正常；声音微弱，容量减少；无声音，电容已无容量。

注意：在操作时一定要注意安全。

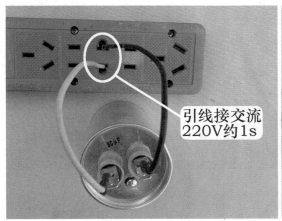

图4-41　充放电法

（3）万用表检测

由于普通万用表不带电容容量检测功能，使用电阻挡测量容易引起误判，因此应选用带有电容容量检测功能的万用表或专用仪表来检测容量。

见图4-42左图，本例选用某品牌的VC97型万用表，最大检测容量200μF，特点是检测无极性电容时，使用万用表表笔就可以直接检测；而不像其他品牌或型号的部分万用表，需要将电容接上引线，再插入万用表专用的检测孔才能检测。

说明：见图4-42右图，VC97型万用表电容挡，单位为nF（毫微法、纳法）和μF（微法），换算关系为1μF=1000nF。

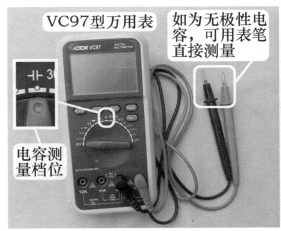
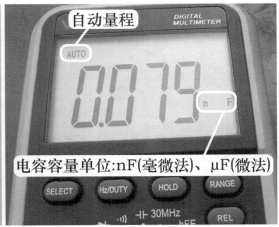

图4-42　万用表电容测量挡位

见图4-43，检测时将万用表拨到电容挡，断开空调器电源，拔下压缩机电容的2组端子上引线，使用2个表笔直接测量2个端子，以标注容量30μF的电容为例，实测容量为30.1μF，说明被测电容正常。

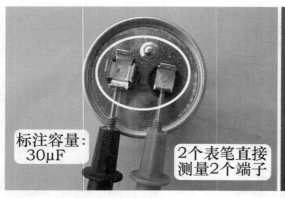
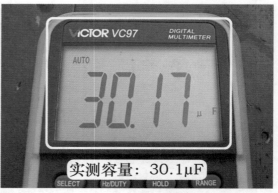

图 4-43　测量电容

六、四通阀线圈

1. 安装位置

见图 4-44，四通阀设在室外机，因此四通阀线圈也设计在室外机，线圈在四通阀上面套着。取下固定螺钉，可发现四通阀线圈共有 2 根紫色的引线，英文符号为 4V、4YV、VALVE。

工作时线圈得到供电，产生的电磁力移动四通阀内部衔铁，在两端压力差的作用下，带动阀芯移动，从而改变制冷剂在制冷系统中的流向，使系统根据使用者的需要工作在制冷或制热模式。制冷模式下线圈工作电压为交流 0V。

说明：四通阀线圈不再四通阀上面套着时，不能向线圈通电；如果通电会发出很强的"嗡嗡"声，容易损坏线圈。

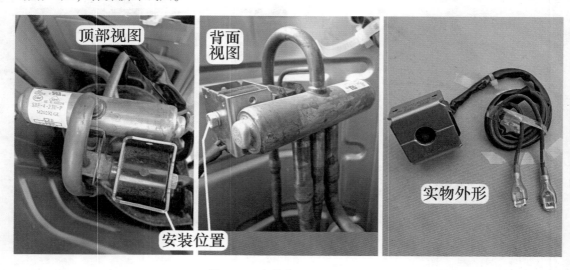

图 4-44　安装位置和实物外形

2. 使用万用表电阻挡测量四通阀线圈阻值

（1）在室外机接线端子处测量

见图 4-45 左图，定频空调器接线端子上共有 5 根引线，1 根为 N 零线公共端（1 号-蓝线）、1 根接压缩机（2 号-黑线）、1 根接四通阀线圈（4 号-紫线）、1 根接室外风机（5 号-橙线）、1 根接地线（3 号-黄绿线）。将万用表的 1 只表笔接 1 号 N 零线公用端，1 只表笔接 4 号紫线，实测阻值约为 2.1kΩ。

说明：本小节示例机型为格力空调器。

（2）取下接线端子直接测量

见图 4-45 右图，表笔直接测量 2 个接线端子，实测阻值和在室外机接线端子上测量相等，约为 2.1kΩ。

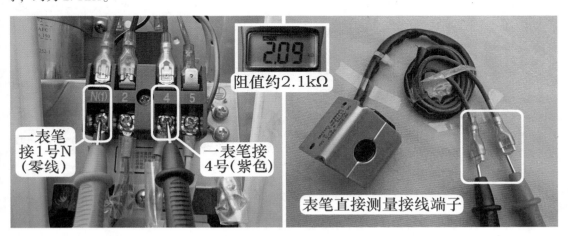

图 4-45　测量阻值

3. 常见故障

四通阀线圈常见故障见表 4-4。

表 4-4　四通阀线圈常见故障

故障现象	故障原因	检测数据	维修措施
四通阀不能换向	线圈开路	万用表电阻挡测量线圈阻值为无穷大	更换四通阀线圈
四通阀工作几分钟后突然换向	线圈受热后阻值变为无穷大	万用表电阻挡测量线圈阻值刚开始正常，几分钟后变为无穷大	

第三节　电　机

一、步进电机

1. 实物外形

步进电机是一种将电脉冲转化为角位移动的执行机构，通常使用在挂式空调器上面。见图 4-46 左图，步进电机设计在室内机右侧下方的位置，固定在接水盘上，作用是驱动导风板上下转动，使室内风机吹出的风到达用户需要的地方。

步进电机实物外形和线圈接线图见图 4-46 右图，示例步进电机型号为 MP24AA，供电电压为直流 12V，共有 5 根引线，驱动方式为 4 相 8 拍。

说明：挂式空调器左右导风板一般为手动调节，目前的部分柜式空调器也使用步进电机调节上下或左右导风板。

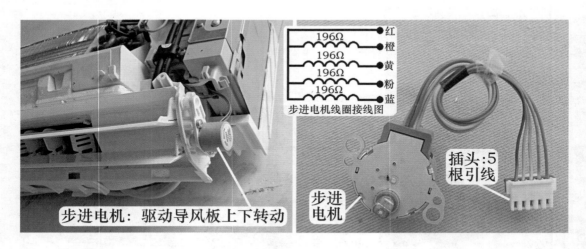

图 4-46　安装位置和实物外形

2. 内部结构

见图 4-47，步进电机由外壳、定子（含线圈）、转子、变速齿轮、输出接头、连接引线、插头等组成。

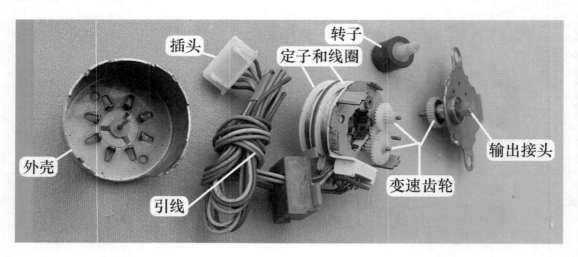

图 4-47　内部结构

3. 辨别公共端引线

步进电机共有 5 根引线，示例电机的颜色分别为红、橙、黄、粉、蓝。其中 1 根为公共端，另外 4 根为线圈接驱动控制，更换时需要将公共端引线与室内机主板插座的直流 12V 引针相对应，常见辨别方法为使用万用表测量引线阻值和观察室内机主板步进电机插座。

（1）使用万用表电阻挡测量引线阻值

使用万用表逐个测量引线之间阻值，共有 2 组阻值，196Ω 和 392Ω，而 392Ω 为 196Ω 的 2 倍。测量 5 根引线，当一表笔接 1 根不动，另一表笔接另外 4 根引线，阻值均为 196Ω 时，那么这根引线即为公共端。

见图 4-48，实测示例电机引线，红与橙、红与黄、红与粉、红与蓝的阻值均为 196Ω，说明红色引线为公共端。

说明：196Ω 和 392Ω 只是示例步进电机阻值，其他型号的步进电机阻值会不相同，但只要符合倍数关系即为正常，并且公共端引线通常位于插头的最外侧位置。

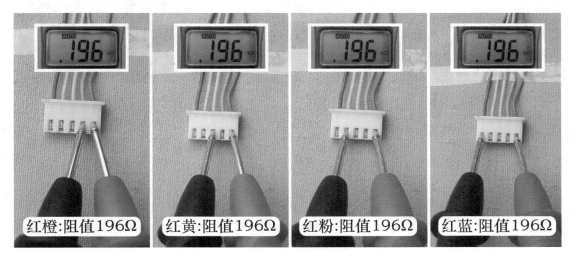

图 4-48　找出公共端引线

4 根接驱动控制的引线之间阻值，应为公共端与 4 根引线阻值的 2 倍。见图 4-49，实测蓝与粉、蓝与黄、蓝与橙、粉与黄、粉与橙、黄与橙阻值相等，均为 392Ω。

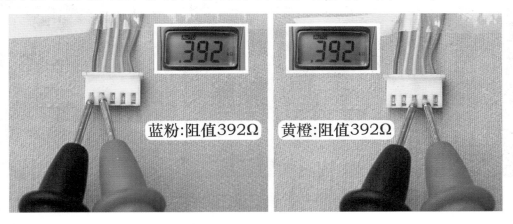

图 4-49　测量驱动引线阻值

（2）观察室内机主板步进电机插座

见图4-50，将步进电机插头插在室内机主板插座上，观察插座的引针连接元件。引线接直流12V，对应的引线为公共端；其余4根引线接反相驱动器，对应引线为线圈。

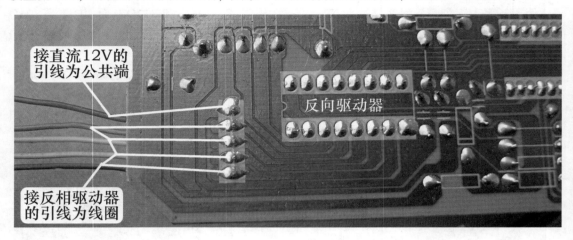

图4-50　根据插座引针连接部位判断引线功能

二、同步电机

1. 安装位置

见图4-51，同步电机通常使用在柜式空调器上面，安装在室内机上部的右侧，作用是驱动导风板左右转动，使室内风机吹出的风到达用户需要的地方。

说明：柜式空调器的上下导风板一般为手动调节，但目前的部分空调器改为自动调节，且通常使用步进电机驱动。

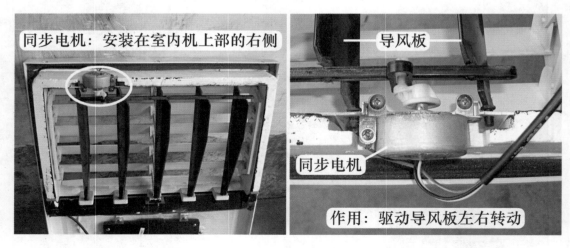

图4-51　同步电机安装位置

2. 实物外形

见图4-52，示例同步电机型号为SM014B，共有2根连接引线，1根地线。工作电压为交流220V、频率50Hz、功率为4W、每分钟转速约5圈（4.1/5r/min）。

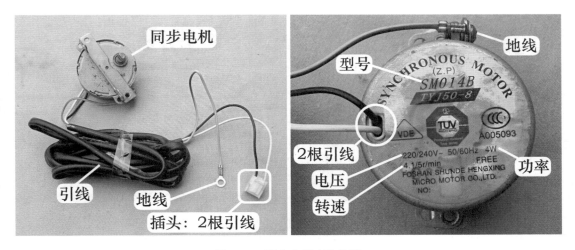

图 4-52 同步电机实物外形

3. 内部结构

见图 4-53，同步电机由外壳、定子（内含线圈）、转子、变速齿轮、输出接头、上盖、连接引线及插头组成。

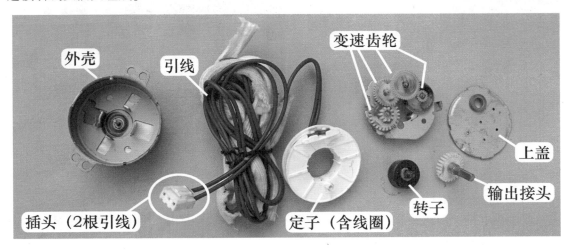

图 4-53 同步电机内部构造

4. 测量线圈阻值

见图 4-54，同步电机只有 2 根引线，使用万用表电阻挡，测量引线阻值，实测约为 8.6kΩ。根据型号不同，阻值也不相同，某型号同步电机实测阻值约 10kΩ。

三、室内风机

1. 安装位置

见图 4-55，室内风机安装在室内机右侧，作用是驱动贯流风扇。制冷模式下，室内风机驱动贯流风扇运行，强制吸入房间内空气至室内机、经蒸发器降低温度后以一定的风速和流量吹出，来降低房间温度。

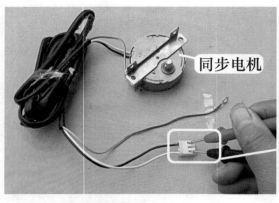
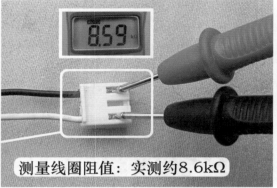

图 4-54　测量同步电机线圈阻值

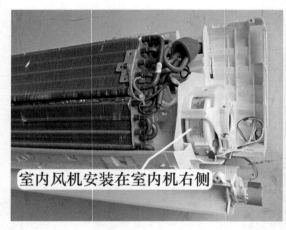
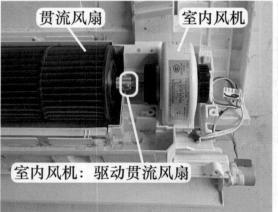

图 4-55　安装位置和作用

2. 常用型式

室内风机常见有 3 种型式。

① 抽头电机：实物外形和引线插头作用见图 4-56，通常使用在早期空调器，目前已经很少使用，交流 220V 供电。

② 直流电机：实物外形和引线插头作用见图 4-57，使用在全直流变频空调器或高档空调器，直流 300V 供电。

③ PG 电机：实物外形见图 4-58 左图，引线插头作用见图 4-63，使用在目前的全部定频空调器、交流变频空调器、直流变频空调器，是使用最广泛的型式，交流 220V 供电。PG电机是本书重点介绍的内容。

3. PG 电机和抽头电机不同点

① 供电电压：PG 电机实际工作电压通常为交流 90 ~ 170V，抽头电机为交流 220V。

② 转速控制：PG 电机通过改变供电电压的高低来改变转速；抽头电机一般有 3 个抽头，可以形成 3 个转速，通过改变电机抽头端的供电来改变转速。

③ 控制电路：PG 电机控制转速准确，但电机需要增加霍尔元件，控制部分还需要增加霍尔反馈电路和过零检测电路，控制复杂；抽头电机控制方法简单，但电机需要

增加绕组抽头，工序复杂，另外控制部分需要 3 个继电器控制 3 个转速，使用的零部件多，成本高。

④ 转速反馈：PG 电机内含霍尔元件，向主板 CPU 反馈代表实际转速的霍尔信号，CPU 通过调节光耦可控硅的导通角使 PG 电机转速与目标转速相同；抽头电机无转速反馈功能。

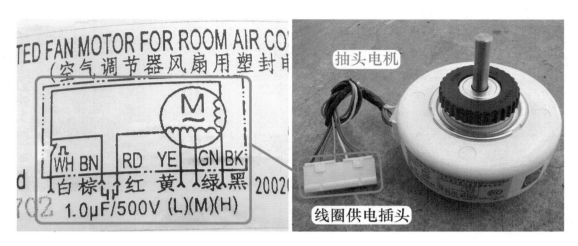

图 4-56 抽头电机和引线插头

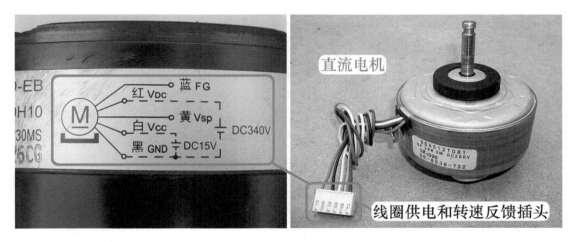

图 4-57 直流电机和引线插头

4. PG 电机

（1）实物外形和主要参数

图 4-58 左图为实物外形，PG 电机使用交流 220V 供电，最主要的特征是内部设有霍尔元件，在运行时输出代表转速的霍尔信号，因此共有 2 个插头，大插头为线圈供电，使用交流电源，作用是使 PG 电机运行；小插头为霍尔反馈，使用直流电源，作用是输出代表转速的霍尔信号。

图 4-58 右图为 PG 电机铭牌主要参数，示例电机型号为 RPG10A（FN10A-PG），使用

在1P挂式空调器。主要参数：工作电压交流220V、频率50Hz、功率10W、4极、额定电流0.13A、防护等级IP20、E级绝缘。

说明：绝缘等级按电机所用的绝缘材料允许的极限温度划分，E级绝缘指电机采用材料的绝缘耐热温度为120℃。

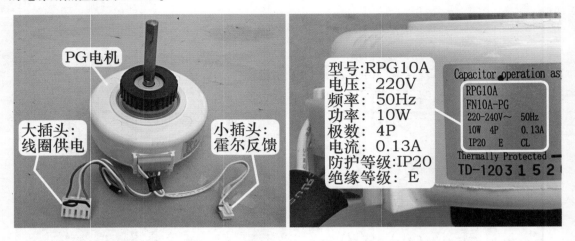

图4-58　实物外形和铭牌主要参数

（2）内部结构

见图4-59，PG电机由定子（含引线和线圈供电插头）、转子（含磁环和上下轴承）、霍尔电路板（含引线和霍尔反馈插头）、上盖和下盖、上部和下部的减震胶圈组成。

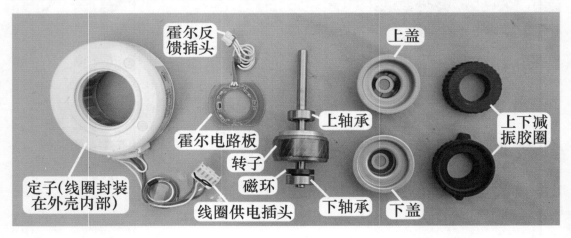

图4-59　内部结构

5. PG电机引线辨认方法

常见有3种方法，即根据室内机主板PG电机插座引针所接元件、使用万用表电阻挡测量线圈引线阻值、查看PG电机铭牌。

（1）根据主板插座引针判断线圈引线功能

见图4-60，将PG电机线圈供电插头插在室内机主板，查看插座引针所接元件：引针接光耦可控硅，对应的白线为公共端（C）；引针接电容和电源N端，对应的棕线为运行绕组

（R）；引针只接电容，对应的红线为起动绕组（S）。

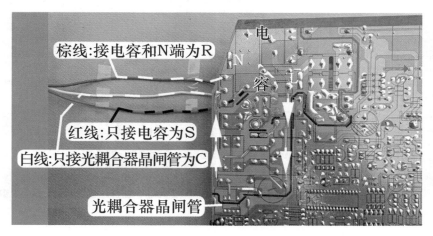

图 4-60　根据插座引针连接部位判断引线功能

（2）使用万用表电阻挡测量线圈引线阻值

见图 4-61 左图，逐个测量 PG 电机的 3 根引线阻值，会得出 3 次不同的结果，实测型号为 RPG10A 的 PG 电机，阻值依次为 981Ω、406Ω、575Ω，其中运行绕组阻值为 406Ω，起动绕组阻值为 575Ω，起动绕组 + 运行绕组的阻值为 981Ω。

① 找出公共端

见图 4-61 右图，在最大的阻值 981Ω 中，表笔接的引线为起动绕组 S 和运行绕组 R，空闲的 1 根引线为公共端（C），本机为白色。

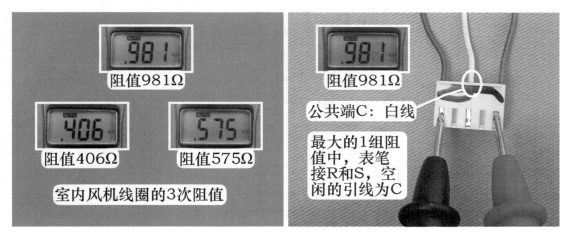

图 4-61　3 次线圈阻值和找出公共端

② 找出运行绕组和起动绕组

一只表笔接公共端白线 C，另一只表笔测量另外 2 根引线阻值。

阻值小（406Ω）的引线为运行绕组 R，见图 4-62 左图，本机为棕色。

阻值大（575Ω）的引线为起动绕组 S，见图 4-62 右图，本机为红色。

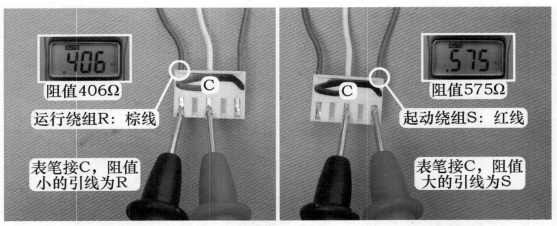

图 4-62　找出运行绕组和起动绕组

（3）查看电机铭牌

见图 4-63，铭牌标有电机的各个信息，包括主要参数，及引线颜色的作用。PG 电机设有 2 个插头，因此设有 2 组引线，电机线圈使用 M 表示，霍尔电路板使用电路图表示，各有 3 根引线。

电机线圈：白线只接交流电源，为公共端（C）；棕线接交流电源和电容，为运行绕组（R）；红线只接电容，为起动绕组（S）。

霍尔反馈电路板：棕线 Vcc，为直流供电正极，本机供电电压为直流 5V；黑线 GND，为直流供电公共端地；白线 Vout，为霍尔信号输出。

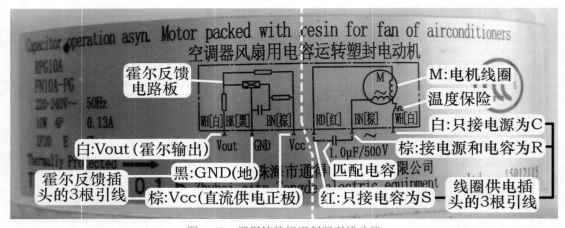

图 4-63　根据铭牌标识判断引线功能

四、压缩机

压缩机是制冷系统的心脏，由电机部分和压缩部分组成。电机通电后运行，带动压缩部分工作，使吸气管吸入的低温低压制冷剂气体变为高温高压气体。常见压缩机的形式主要有活塞式、旋转式、涡旋式。

① 活塞式压缩机主要使用在早期三相供电的柜式空调器，目前已不使用。

② 涡旋式压缩机主要使用在目前三相供电的 3P 或 5P 柜式空调器。

③ 最常见为旋转式压缩机，一般只要是单相交流220V供电的空调器，压缩机均使用旋转式，因此本节介绍内容以旋转式压缩机为主。

1. 安装位置

见图4-64左图，压缩机安装室外机右侧，固定在室外机底座。其中压缩机接线端子连接电控系统，吸气管和排气管连接制冷系统。

图4-64右图为旋转式压缩机实物外形，设有吸气管、排气管、接线端子、储液瓶等接口。

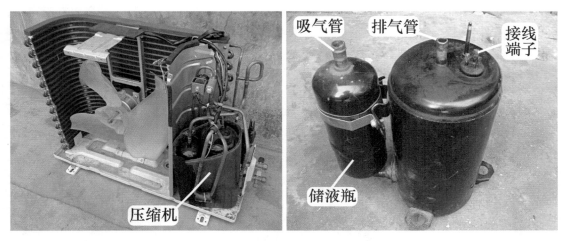

图4-64　安装位置和实物外形

2. 剖解上海日立SHW33TC4-U旋转式压缩机

（1）内部结构

见图4-65，由储液瓶（含吸气管）、上盖（含接线端子和排气管）、定子（含线圈）、转子（上方为转子、下方为压缩部分组件）、下盖等组成。

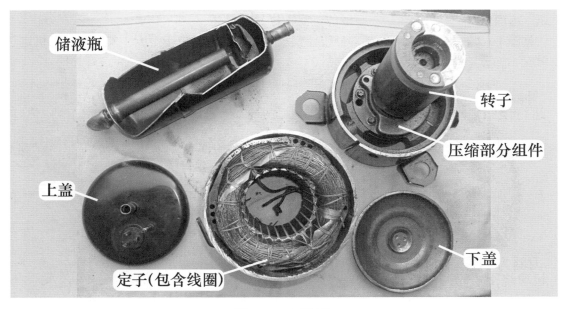

图4-65　内部结构

（2）内置式过载保护器安装位置

见图4-66，内置式过载保护器安装在接线端子附近；取下压缩机上盖，可看到内置过载保护器固定在上盖上面，串接在接线端子的公共端。

示例压缩机内置过载保护器型号为UP3-29，共有2个接线端子：1个接上盖接线端子公共端、1个接压缩机线圈的公共端。UP3系列内置过载保护器具有过热和过电流双重保护功能。

过热时：根据压缩机内部的温度变化，影响保护器内部温度的变化，使双金属片受热后发生弯曲变形来控制保护器的断开和闭合。过电流时：如压缩机壳体温度不高而电流很大，保护器内部的电加热丝发热量增加，使保护器内部温度上升，最终也是通过温度的变化达到保护的目的。

图4-66　内置式过载保护器安装位置

（3）电机部分

电机部分包括定子和转子。见图4-67左图，压缩机线圈镶嵌在定子槽内，外圈为运行绕组、内圈为起动绕组，使用2极电机，转速约2900r/min。

见图4-67右图，转子和压缩部分组件安装在一起，转子位于上方，安装时和电机定子相对应。

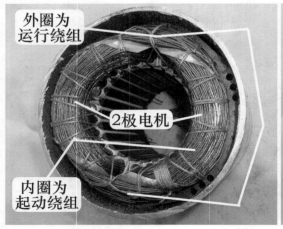

图4-67　定子和转子

（4）压缩部分组件

见图4-68，转子下方即为压缩部分组件，主要由气缸、上气缸盖和下气缸盖、刮片、滚套等部件组成，压缩机电机线圈通电时，转子以约2900r/min转动，带动压缩部分组件工作，将吸气管吸入的低温低压制冷剂气体，变为高温高压的气体。因气缸盖使用特殊规格的螺钉固定，压缩部分打不开，不能再进一步剖解。

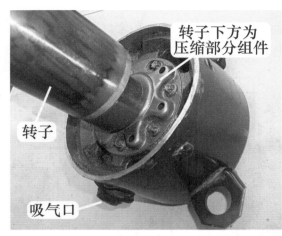

图4-68　压缩部分组件

3. 压缩机线圈引线或端子功能辨别方法

常见有3种方法，即根据压缩机引线实际所接元件、使用万用表电阻挡测量线圈引线或接线端子阻值、根据压缩机接线盖或垫片标识。

（1）根据实际接线判断引线功能

压缩机定子上的线圈共有3根引线，上盖的接线端子也只有3个，因此连接电控系统的引线也只有3根。

见图4-69，黑线只接接线端子上电源L端（2号），为公共端（C）；蓝线接电容和电源N端（1号），为运行绕组（R）；黄线只接电容，为起动绕组（S）。

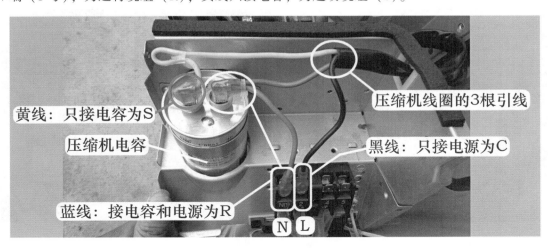

图4-69　根据实际接线判断引线功能

（2）使用万用表电阻挡测量线圈端子阻值

见图4-70左图，逐个测量压缩机的3个接线端子阻值，会得出3次不同的结果，上海日立 SD145UV-H6AU 压缩机在室外温度约15℃时，实测阻值依次为7.3Ω、4.1Ω、3.2Ω，阻值关系为7.3＝4.1＋3.2，即最大阻值7.3Ω为运行绕组＋起动绕组的总数。

找出公共端：见图4-87右图，在最大的阻值7.3Ω中，表笔接的端子为起动绕组和运行绕组，空闲的1个端子为公共端（C）。

说明：判断压缩机接线端子的功能时，实测时应测量引线，而不用再打开接线盖、拔下引线插头去测量接线端子，只有更换压缩机或压缩机连接线，才需要测量接线端子的阻值以确定功能。

图4-70　3·次线圈阻值和找出公共端

找出运行绕组和起动绕组：1表笔接公共端C，另1表笔测量另外2个端子阻值，通常阻值小的端子为运行绕组R、阻值大的端子为起动绕组S。但本机实测阻值大的端子（4.1Ω）为运行绕组R，见4-71左图；阻值小的端子（3.2Ω）为起动绕组S，见4-71右图。

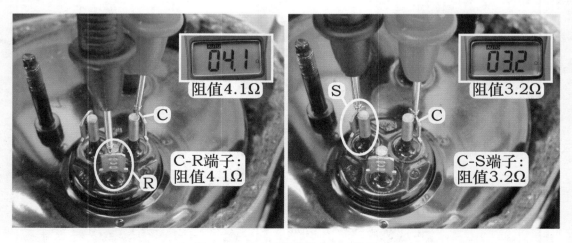

图4-71　找出运行绕组和起动绕组

（3）根据压缩机接线盖或垫片标识

见图4-72左图，压缩机接线盖或垫片（使用耐高温材料）上标有"C、R、S"字样，表示为接线端子的功能：C为公共端、R为运行绕组、S为起动绕组。

将接线盖对应接线端子，或将垫片安装在压缩机上盖的固定位置，见图2-72右图，观察接线端子：对应标有"C"的端子为公共端、对应标有"R"的端子为运行绕组、对应标有"S"的端子为起动绕组。

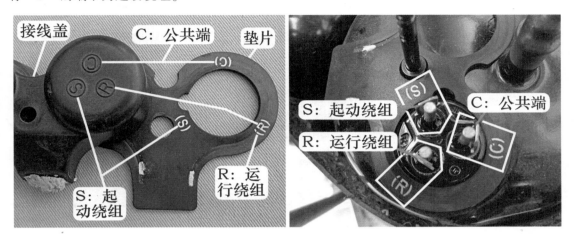

图4-72　根据接线盖标识判断端子功能

五、室外风机

见图4-73，室外风机安装在室外机左侧的固定支架，作用是驱动轴流风扇。制冷模式下，室外风机驱动轴流风扇运行，强制吸收室外自然风为冷凝器散热，因此室外风机也称为"轴流电机"。

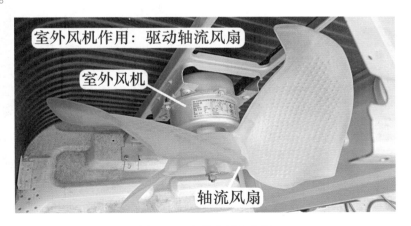

图4-73　安装位置和作用

1. 实物外形和铭牌主要参数

示例电机使用在格力空调器型号为 KFR-23W/R03-3 的室外机，实物外形见图4-74左图，单一风速，共有4根引线；其中1根为地线，接电机外壳，另外3根为线圈引线。

图4-74右图为铭牌参数含义，型号为YDK35-6K（FW35X）。主要参数：工作电压交流220V、频率50Hz、功率35W、额定电流0.3A、转速850r/min、6极、B级绝缘。

说明：绝缘等级（CLASS）按电机所用的绝缘材料允许的极限温度划分，B级绝缘指电机采用材料的绝缘耐热温度为130℃。

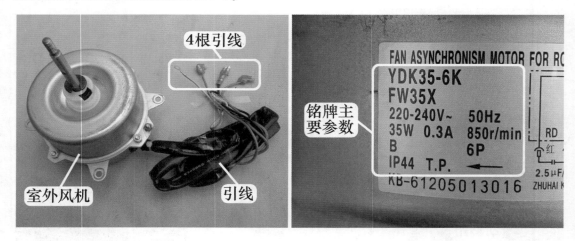

图4-74　实物外形和铭牌主要参数

2. 室外风机构造

见图4-75，室外风机由上盖、转子（含上轴承和下轴承）、定子（含线圈和引线）、下盖组成。

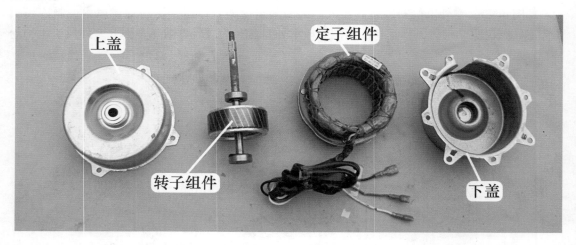

图4-75　内部结构

3. 线圈引线作用辨认方法

常见有3种方法，即根据室外风机引线实际所接元件、查看电机铭牌或电气接线图、使用万用表电阻挡测量线圈引线阻值。

（1）根据实际接线判断引线功能

见图 4-76，室外风机线圈共有 3 根引线：黑线只接接线端子上电源 N 端（1 号），为公共端（C）；棕线接电容和电源 L 端（5 号），为运行绕组（R）；红线只接电容，为起动绕组（S）。

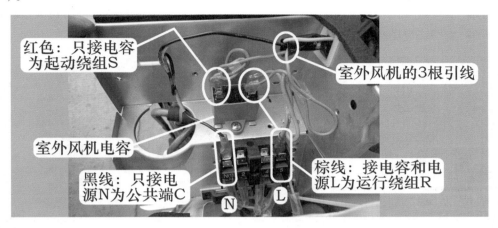

图 4-76 根据实际接线判断引线功能

（2）根据电机铭牌标识或电气接线图

电机铭牌贴于室外风机表面，通常位于上部，检修时能直接查看。铭牌主要标识了室外风机的主要信息，其中包括电机线圈引线的功能，见图 4-77 左图，黑线（BK）只接电源为公共端 C，棕线（BN）接电容和电源为运行绕组 R，红线（RD）只接电容为起动绕组 S。

电气接线图通常贴于室外机接线盖内侧。见图 4-77 右图，通过查看电气接线图，也能区别电机线圈的引线功能：黑线只接电源 N 端为公共端 C、棕线接电容和电源 L 端（5 号）为运行绕组 R、红线只接电容为起动绕线 S。

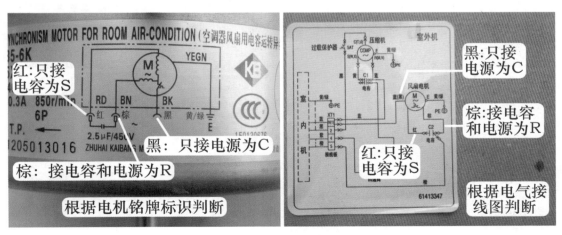

图 4-77 根据铭牌标识和室外机电气接线图判断引线功能

（3）使用万用表电阻挡测量线圈阻值

见图 4-78 左图，逐个测量室外风机线圈的 3 根引线阻值，会得出 3 次不同的结果，YDK35-6K（FW35X）电机实测阻值依次为 463Ω、198Ω、265Ω，阻值关系为 463 = 198 +

265，即最大阻值463Ω 为起动绕组 + 运行绕组的总数。

找出公共端：见图4-78 右图，在最大的阻值463Ω 中，表笔接的引线为起动绕组和运行绕组，空闲的1 根引线为公共端C，本机为黑线。

说明：测量室外风机线圈阻值时，应当用手扶住轴流扇叶再测量，可防止因扇叶转动、电机线圈产生感应电动势干扰万用表显示数据。

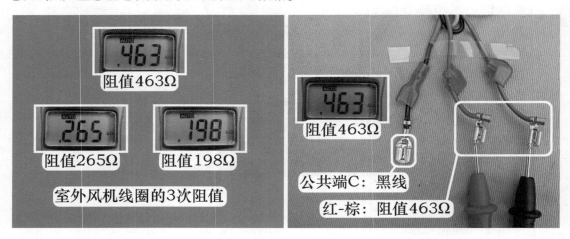

图4-78　3 次线圈阻值和找出公共端

找出运行绕组和起动绕组：1 表笔接公共端C，另1 表笔测量另外2 根引线阻值，通常阻值小的引线为运行绕组R、阻值大的引线为起动绕组S。但本机实测阻值大的引线（265Ω）为运行绕组R（棕线），见4-96 左图；阻值小的引线（198Ω）为起动绕组S（红线），见4-79 右图。

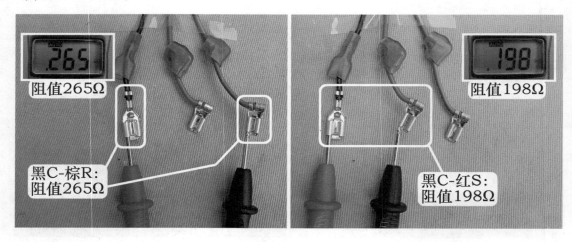

图4-79　找出运行绕组和起动绕组

第五章　变频空调器电控系统主要元器件

变频空调器在室外机增加电控系统用于驱动变频压缩机，因此许多元器件在定频空调器上没有使用，本章主要介绍变频空调器电控系统主要元器件。

第一节　主要元器件

主要元器件是变频空调器电控系统比较重要的电气元件，并且在定频空调器电控系统中没有使用，工作部位通常是大电流，比较容易损坏。将主要元器件集结为一节，对其作用、实物外形、测量方法等做简单说明。

一、直流电机

说明：本小节所示的直流电机，为三菱重工 KFR-35GW/AIBP 全直流变频空调器上所使用。

1. 作用

直流电机应用在全直流变频空调器的室内风扇电机和室外风扇电机，实物见图 5-1，作用及安装位置和普通定频空调器室内机的 PG 电机、室外机的轴流电机相同。

室内直流电机带动贯流风扇运行，制冷时将蒸发器产生的冷量输送到室内。

室外直流电机带动轴流风扇运行，制冷时将冷凝器产生的热量排放到室外，吸入自然空气为冷凝器降温。

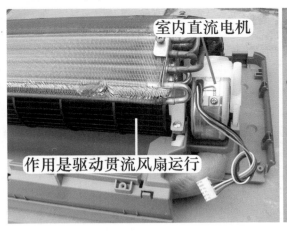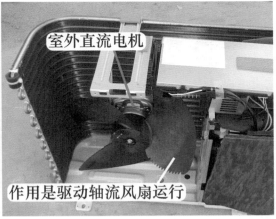

图 5-1　室内及室外直流风机安装位置

2. 工作原理及引线作用

（1）工作原理

室内直流风机内部结构见图 5-2，内部电路板见图 5-3。

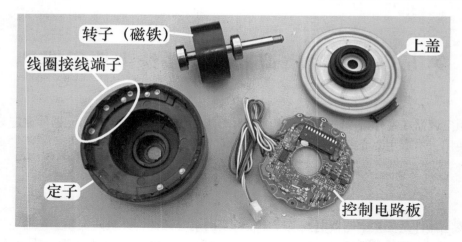

图 5-2　室内直流风机内部结构

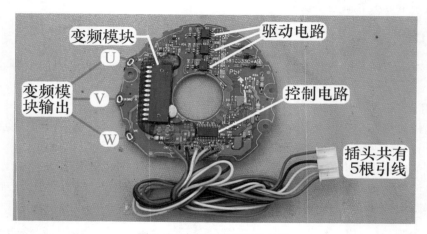

图 5-3　内部电路板实物外形

直流电机工作原理与直流变频压缩机基本相同，只不过将变频模块和控制电路封装在电机内部组成一块电路板，变频模块供电电压为直流 300V，控制电路供电电压为直流 15V，均由主板提供。

主板 CPU 输出含有转速信号的驱动电压，经光耦合器耦合后由④号引线送入直流电机内部控制电路，处理后驱动变频模块，将直流 300V 电压转换为绕组所需要的电压，直流电机开始运行，从而带动贯流风扇或轴流风扇旋转运行。

直流电机运行时⑤号引线输出转速反馈信号，经光耦合器耦合后送至主板 CPU，主板 CPU 实时监测直流电机的转速，与内部存储的目标转速相比较，如果转速高于或低于目标值，主板 CPU 调整输出的脉冲电压值，直流电机内部控制电路处理后驱动变频模块，改变直流电机绕组的电压，转速随之改变，使直流电机的实际转速与目标转速保持一致。

说明：直流电机输入的直流 300V 电压，室内直流电机由交流 220V 整流滤波后直接提供，实际电压值一般恒为直流 300V；室外直流电机则取至 IPM 模块的 P、N 端子，实际电压值则随压缩机转速变化而变化，压缩机低频运行时电压高、高频运行时电压低，电压范围通常在直流 240～300V 之间。

（2）引线作用

实物见图5-4，室内直流电机、室外机直流电机的工作原理及插头引线作用相同。

直流电机插头共有5根引线：①号红线为直流300V电压正极引线、②号黑线为直流电压地线、③号白线为直流15V电压正极、④号黄线为驱动控制引线、⑤号蓝线为转速反馈引线。

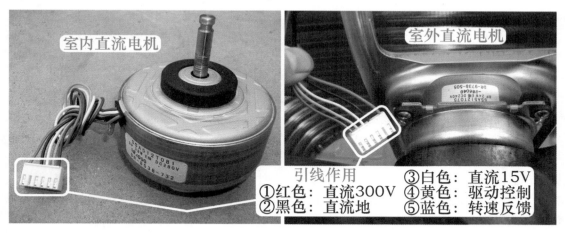

图5-4　直流电机实物及引线作用

3. 直流电机与交流电机对比

虽然直流电机与室内PG电机、室外轴流电机的作用及安装位置均相同，但两者的工作原理完全不同，是两种不同型式的电机，以室内直流电机、室内PG电机、室外轴流电机（单速）为例进行比较，区别见表5-1。

表5-1　直流电机与交流电机各项功能之对比

序号	比较项目	直流电机	室内PG电机	室外轴流电机
1	供电电压	直流300V	交流90~220V	交流220V
2	电机类型	直流电机	交流电机	交流电机
3	内部结构	控制电路板和直流绕组电机	交流异步电机和霍尔反馈元件	交流异步电机
4	起动方式	电机内部控制电路直接起动运行	电容起动运行	电容起动运行
5	控制方式	由主板和电机内部电路板两部分完成	以光耦可控硅为核心组成的驱动电路	以继电器为核心组成的控制电路
6	控制电路	最复杂，由主板和电机内部电路板两部分组成	比较简单	最简单
7	调速原理	电机内部电路板改变输出电压值	室内机主板改变交流电压有效值	单一风速不可调节
8	转速调节	转速可以调节且调节范围较宽	转速可以调节但调节范围较窄	单一风速不可调节
9	转速反馈	电机内部电路板输出转速反馈信号	电机内部输出霍尔反馈信号	无
10	引线数量	1个插头5根引线	2个插头各3根引线	一部分为3根引线，一部分为4根引线
11	适用范围	全直流变频空调器的室内风机和室外风机	交直流变频空调器、定频空调器室内风机	交直流变频空调器、定频空调器室外风机

二、电子膨胀阀

1. 作用

在制冷系统中的作用和毛细管相同，即降压节流和调节流量。CPU 输出电压驱动电子膨胀阀线圈，带动阀体内阀针上下移动，改变阀孔的间隙，使阀体的流通截面积发生变化，改变制冷剂流过时的压力，从而改变节流压力和流量，使进入蒸发器的流量与压缩机运行速度相适应，达到精确调节制冷量的目的。

2. 优点

压缩机在高频或低频运行时对进入蒸发器的制冷剂流量要求不同，高频运行时要求进入蒸发器的流量大，以便迅速蒸发，提高制冷量，可迅速降低房间温度；低频运行时要求进入蒸发器的流量小，降低制冷量，以便维持房间温度。

使用毛细管作为节流元件，由于节流压力和流量为固定值，因而在一定程度上降低了变频空调器的优势；而使用电子膨胀阀作为节流元件则适合制冷剂流量变化的要求，从而最大程度发挥变频空调器的优势，提高系统制冷量。同时具有流量控制范围大、调节精确、可以使制冷剂正反两个方向流动等优点。

3. 适用范围

如果电子膨胀阀的开度控制不好（即和压缩机转速不匹配），制冷量会下降甚至低于使用毛细管作为节流元件的变频空调器。

使用电子膨胀阀的变频空调器，由于运行过程中需要同时调节两个变量，这也要求室外机主板上 CPU 有很高的运算能力；同时电子膨胀阀与毛细管相比成本较高，因此一般使用在高档空调器中。

4. 安装位置

安装位置见图 5-5，通常是垂直安装在室外机制冷系统中。实物外形见图 5-6 左图，由线圈和阀体组成。

图 5-5　电子膨胀阀安装位置

5. 连接管走向

有两根铜管与制冷系统连接，与冷凝器出管连接的为电子膨胀阀进管，与二通阀连接的为电子膨胀阀的出管。

制冷剂流向见图5-6右图，制冷模式下冷凝器流出低温高压液体，电子膨胀阀节流后变为低温低压液体，经二通阀后由连接管送至室内机的蒸发器。

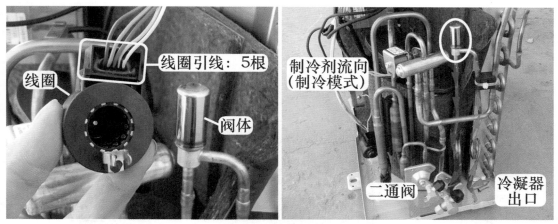

图5-6　电子膨胀阀线圈及制冷模式下制冷剂流向

6. 检测方法

电子膨胀阀线圈供电为直流12V。根据引线数量分为两种：一种为6根引线，其中有两根引线连在一起为公共端接电源直流12V，余下4根引线接CPU控制；另一种为5根引线，一根为公共端接直流12V，余下4根接CPU控制。

测量时使用万用表电阻挡，黑表笔接公共端，红表笔测量4根控制引线，阻值应相等为44Ω，4根控制引线之间阻值为88Ω，结果见表5-2。

说明：测量方法同步进电机线圈，可参考图4-48和图4-49。

表5-2　测量电子膨胀阀线圈

实 物 图 形	等效电路图	测量结果	分析	故障
	5 4 3　　1　　2	1与2、1与3、1与4、1与5的阻值相等为44Ω　2与3、2与4、2与5、3与4、3与5、4与5的阻值相等为88Ω	1号线为公共端，2、3、4、5为线圈端	如测量引线之间阻值为无穷大，为线圈开路故障，需要更换

三、硅桥

1. 作用与常用型号

内部为4个整流二极管组成的桥式整流电路，将交流220V电压整流成为直流300V

电压。

常用型号为 S25VB60，25 含义为最大正向整流电流为 25A，60 含义为最高反向工作电压为 600V。

2. 安装位置

安装位置见图 5-7，硅桥工作时需要通过较大的电流，功率较大且有一定的热量，因此与模块一起固定在大面积的散热片上。

见图 5-8，目前变频空调器电控系统还有一种设计方式，就是将硅桥和 PFC 电路集成在一起，组成 PFC 模块，和驱动压缩机的变频模块设计在一块电路板上，因此在此类空调器中，找不到普通意义上的硅桥。

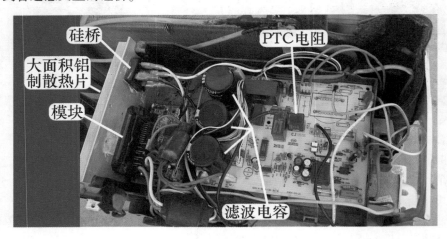

图 5-7　硅桥安装位置

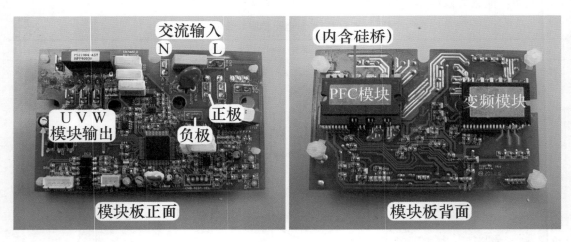

图 5-8　目前模块板 PFC 模块内含硅桥

3. 引脚作用

共有 4 个引脚，分别为两个交流输入端和两个直流输出端。两个交流输入端接交流 220V，使用时没有极性之分。两个直流输出端中的正极经滤波电感接滤波电容正极，负极直接与滤波电容负极连接。

4. 分类及引脚辨认方法

根据外观分类常见有两种：方形和扁形，实物见图5-9。

方形：其中的一角有豁口，对应引脚为直流正极，对角线引脚为直流负极，其他两个引脚为交流输入端（使用时不分极性）。

扁形：其中一侧有一个豁口，对应引脚为直流正极，中间两个引脚为交流输入端，最后一个引脚为直流负极。

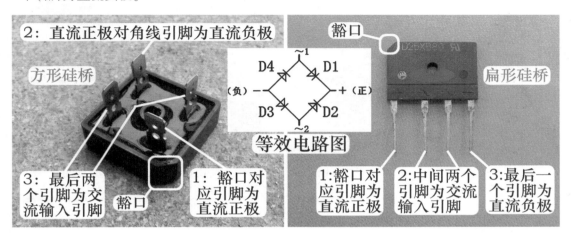

图5-9　硅桥引脚功能辨认方法

5. 测量方法

由于内部为4个大功率的整流二极管，因此测量时应使用万用表二极管挡。

（1）测量正、负端子

测量过程见图5-10，相当于测量串联的D1和D4（或串联的D2和D3）。

红表笔接正、黑表笔接负，为反向测量，结果为无穷大；红表笔接负、黑表笔接正，为正向测量，结果为823mV。

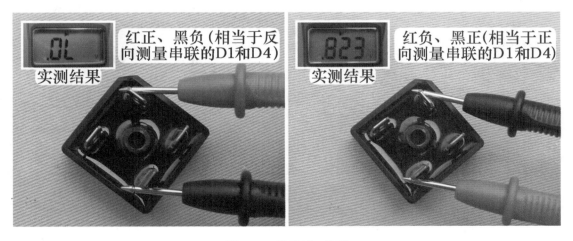

图5-10　测量正、负端

（2）测量正、两个交流输入端

测量过程见图 5-11，相当于测量 D1、D2。

红表笔接正、黑表笔接交流输入端，为反向测量，两次结果相同，应均为无穷大；红表笔接交流输入端、黑表笔接正，为正向测量，两次结果应相同，均为 452mV。

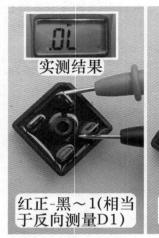   

图 5-11　测量正、两个交流输入端

（3）测量负、两个交流输入端

测量过程见图 5-12，相当于测量 D3、D4。

红表笔接负、黑表笔接交流输入端，为正向测量，两次结果相同，均为 452mV；红表笔接交流输入端、黑表笔接负，为反向测量，两次结果相同，均为无穷大。

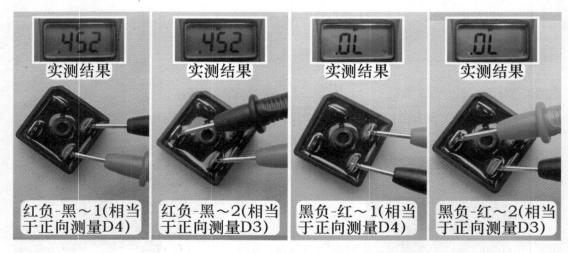

图 5-12　测量负、两个交流输入端

（4）测量交流输入端 ~1、~2

相当于测量反方向串联 D1 和 D2（或 D3 和 D4），由于为反向串联，因此正反向测量结果应均为无穷大。

6. 测量说明

① 测量时应将 4 个端子引线全部拔下。

② 上述测量方法使用数字万用表。如果使用指针万用表，选择 R×1k 挡，测量时红、黑表笔所接端子与上述方法相反，得出的规律才会一致。

③ 不同的硅桥、不同的万用表正向测量时，得出结果的数值会不相同，但一定要符合内部 4 个整流二极管连接特点所构成的规律。

④ 同一硅桥同一万用表正向测量内部二极管时，结果数值应相同（如本次测量为 452mV），测量硅桥时不要死记得出的数值，要掌握规律。

⑤ 硅桥常见故障为内部 4 个二极管全部击穿或某个二极管击穿，开路损坏的比例相对较少。

四、滤波电感

实物外观及安装位置见图 5-13。

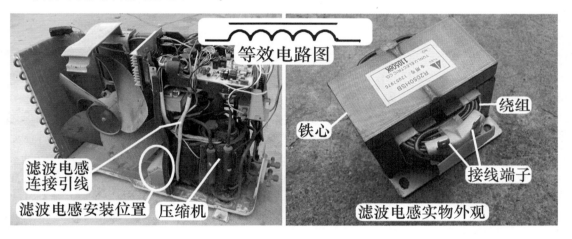

图 5-13　安装位置及实物外观

1. 作用

根据电感线圈"通直流、隔交流"的特性，阻止由硅桥整流后直流电压中含有的交流成分通过，使输送滤波电容的直流电压更加平滑、纯净。

2. 引脚作用

将较粗的电感线圈按规律绕制在铁心上，即组成滤波电感。只有两个接线端子，没有正反之分。

3. 安装位置

滤波电感通电时会产生电磁频率、且自身较重容易产生噪声，为防止对主板控制电路产生干扰，通常将滤波电感设计在室外机底座上面。

4. 测量方法

图 5-14 为测量滤波电感方法，使用万用表电阻挡，阻值约 1Ω。

由于滤波电感位于室外机底部，且外部有铁壳包裹，直接测量其接线端子不是很方便，检修时可以测量两个连接引线的插头阻值。如果实测阻值为无穷大，应检查滤波电感上引线插头是否正常。

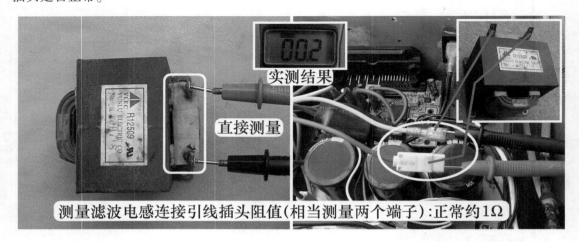

图 5-14　测量滤波电感阻值

5. 常见故障

① 滤波电感安装在室外机底部，在制热模式下化霜过程中产生的化霜水将其浸泡，一段时间之后（安装 5 年左右），引起绝缘阻值下降，通常低于 2MΩ 时，会出现空调器通上电源之后，断路器跳闸的故障。

② 由于绕制滤波电感绕组的线径较粗，很少有开路损坏的故障。而其工作时通过的电流较大，接线端子处容易产生热量，将连接引线烧断出现室外机无供电的故障。

③ 滤波电感如果铁心与线圈松动，在压缩机工作时会产生比较刺耳的噪声，有些故障表现为压缩机低频运行时噪声小，压缩机高频运行时噪声大，容易误判为压缩机故障，在维修时需要注意判断。

五、滤波电容

1. 作用

实际为容量较大（约 2000μF）、耐压较高（约直流 400V）的电解电容。根据电容"通交流、隔直流"的特性，对滤波电感输送的直流电压再次滤波，将其中含有的交流成分直接入地，使供给模块 P、N 端的直流电压平滑、纯净，不含交流成分。

2. 引脚作用

电容共有两个引脚，正极和负极。正极接模块 P 端子，负极接模块 N 端子，负极引脚对应有"｜"状标志。

3. 分类

按电容个数分类，有两种型式：即单个电容或几个电容并联组成，实物见图 5-15。

单个电容：由 1 个耐压 400V、容量 2200μF 左右的电解电容，对直流电压滤波后为模块供电，常见于早期的挂式变频空调器或目前的部分柜式变频空调器，电控盒内设有专用安装位置。

多个电容并联：由 2～4 个耐压 400V、容量 560μF 左右的电解电容并联组成，对直流电压滤波后为模块供电，总容量为单个电容标注容量相加。常见于目前生产的变频空调器，直接焊在室外机主板上。

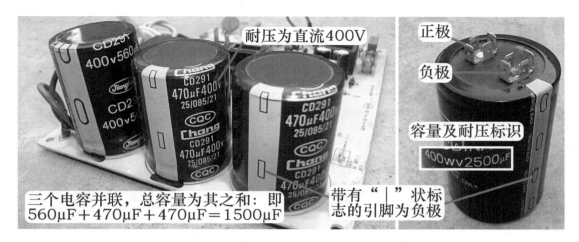

图 5-15　两种滤波电容实物外观及容量计算方法

4. 测量方法

由于电容容量较大，使用万用表检测难以准确判断，通常直接代换试机。常见故障为容量减少引起屡烧模块故障，在实际维修中损坏比例较小。

需要注意的是，由于滤波电容容量较大，不能像检测定频空调器的压缩机电容一样，直接短路其两个引脚，否则滤波电容将会出现很大的放电声音，甚至能将螺丝刀杆打出一个豁口。

5. 注意事项

滤波电容正极连接模块 P 端子，负极连接 N 端子，引线不能接错。引线接反时，如滤波电容内存有直流 300V 电压，将直接加在模块内部与 IGBT 开关管并联的续流二极管两端，瞬间将模块炸裂。

如滤波电容未存有电压，不会损坏模块，但滤波电容正极经模块内部的续流二极管接滤波电容的负极，相当于直流 300V 电压短路，在室外机上电时，PTC 电阻由于后级短路电流过大，使得阻值变为无穷大，室外机无工作电源，室内机由于检测不到室外机发送的通信信号，2min 后断开室外机供电，报"通信故障"的故障代码。

六、变频压缩机

实物外观及铭牌标识见图 5-16。

1. 作用

制冷系统的心脏，通过运行使制冷剂在制冷系统保持流动和循环。由三相感应电机和压缩系统两部分组成，模块输出频率与电压均可调的模拟三相交流电为三相感应电机供电，电机带动压缩系统工作。

模块输出电压变化时电机转速也随之变化，转速变化范围为 1500～9000r/min，压缩系统的输出功率（即制冷量）也发生变化，从而达到在运行时调节制冷量的目的。

2. 引线作用

实物见图 5-17，无论是交流变频压缩机或直流变频压缩机，均有 3 个接线端子，标号分别为 U、V、W，和模块上的 U、V、W 3 个接线端子对应连接。

交流变频空调器在更换模块或压缩机时，如果 U、V、W 接线端子由于不注意插反导致不对应，压缩机则有可能反方向运行，引起不制冷故障，调整方法和定频空调器三相涡旋压缩机相同，即对调任意两根引线的位置。

图 5-16　变频压缩机安装位置及实物外观

直流变频空调器如果 U、V、W 接线端子不对应，压缩机起动后室外机 CPU 检测转子位置错误，报出"压缩机位置保护"或"直流压缩机失步"的故障代码。

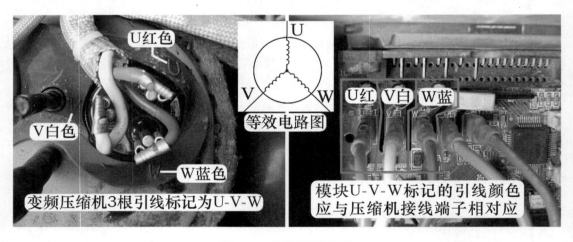

图 5-17　变频压缩机引线

3. 分类

根据工作方式主要分为直流变频压缩机和交流变频压缩机。

直流变频压缩机：使用无刷直流电机，工作电压为连续但极性不断改变的直流电。

交流变频压缩机：使用三相感应电机，工作电压为交流 30 ~ 220V，频率 15 ~ 120Hz，转速为 1500 ~ 9000r/min。

4. 测量方法

测量过程见图 5-18，使用万用表电阻挡测量 3 个接线端子之间阻值，U-V、U-W、V-W 阻值相等，即 U-V = U-W = V-W，阻值为 1.5Ω 左右。

图 5-18　测量线圈阻值

5. 常见故障

实际维修中变频空调器压缩机和定频空调器压缩机相比，故障率较低，原因为室外机电控系统保护电路比较完善，故障主要是压缩机起动不起来（卡缸）或线圈对地短路等。

第二节　IPM　模　块

IPM 模块是变频空调器电控系统中最重要元件之一，也是故障率较高的一个元件，属于电控系统主要元器件之一，由于知识点较多，因此单设一节进行详细说明。

一、基础知识

1. 作用

模块可以简单地看做是电压转换器。室外机主板 CPU 输出六路信号，经模块内部驱动电路放大后控制 IGBT 开关管的导通与截止，将直流 300V 电压转换成与频率成正比的模拟三相交流电（交流 30～220V、频率 15～120Hz），驱动压缩机运行。

三相交流电压越高，压缩机转速及输出功率（即制冷效果）也越高；反之，三相交流电压越低，压缩机转速及输出功率（即制冷效果）也就越低。三相交流电压的高低由室外机 CPU 输出的六路信号决定。

2. IPM 模块实物外观

严格意义的 IPM 模块见图 5-19，是一种智能的模块，将 IGBT 连同驱动电路和多种保护电路封装在同一模块内，从而简化了设计，提高了稳定性。IPM 模块只有固定在外围电路的控制基板上，才能组成模块板组件。

说明：本书所称"模块"，就是由 IPM 模块和控制基板组合的模块板组件。

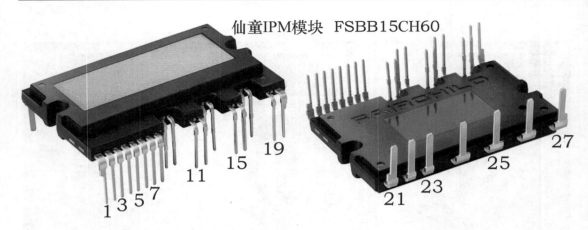

图 5-19　仙童 FSBB15CH60 模块

3. 固定位置

由于模块工作时产生很高的热量，因此设有面积较大的铝制散热片，并固定在上面，中间有绝缘垫片，见图 5-7 设计在室外机电控盒里侧，室外风扇运行时带走铝制散热片表面的热量，间接为模块散热。

二、输入与输出电路

图 5-20 为模块输入与输出电路的框图，图 5-21 为实物图。

说明：直流 300V 供电回路中，在实物图上未显示 PTC 电阻、室外机主控继电器、滤波电感等器件。

1. 输入部分

① P、N：由滤波电容提供直流 300V 电压，为模块内部 IGBT 开关管供电，其中 P 外接滤波电容正极，内接上桥 3 个 IGBT 开关管的集电极；N 外接滤波电容负极，内部下桥 3 个 IGBT 开关管的发射极。

② 15V：由开关电源提供，为模块内部控制电路供电。

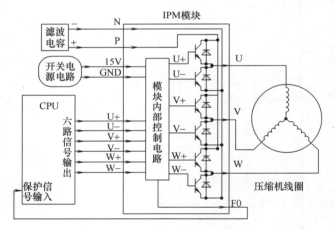

图 5-20　模块输入与输出电路框图

③ 六路驱动信号：由室外机 CPU 提供，经模块内部控制电路放大后，按顺序驱动 6 个 IGBT 开关管的导通与截止。

2. 输出部分

① U、V、W：即上桥与下桥 IGBT 的中点，输出与频率成正比的模拟三相交流电，驱动压缩机运行。

② FO（保护信号）：当模块内部控制电路检测到过热、过电流、短路、15V 电压低 4 种故障，输出保护信号至室外机 CPU。

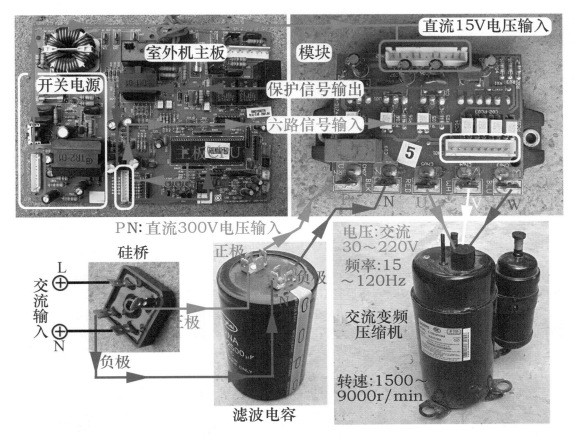

图 5-21　模块输入与输出电路实物图

三、常见模块形式及特点

国产变频空调器从问世到现在大约有 10 年左右的时间，在此期间出现了许多新改进的机型。模块作为重要部件，也从最初只有模块的功能，到集成 CPU 控制电路，再到目前常见的模块控制电路一体化，经历了很多技术上的改变。

1. 只具有模块功能的模块

实物见图 5-22，代表有海信 KFR-4001GW/BP、海信 KFR-3501GW/BP 等机型，此类模块多见于早期的交流变频空调器。

使用光耦合器传递六路驱动信号，直流 15V 电压由室外机主板提供（分为单路 15V 供电和四路 15V 供电两种）。

模块常见型号为三菱 PM20CTM060，可以称其为第二代模块，最大负载电流 20A，最高工作电压 600V，铝制散热片，目前已经停止生产。

2. 带开关电源的模块

实物见图 5-23，代表有海信 KFR-2601GW/BP、美的 KFR-26GW/BPY-R 等机型，此类模块多见于早期的交流变频空调器，在只有模块功能的模块板基础上改进而来。

六路信号输入和模块保护信号输出

信号传递使用光耦合器

四路直流15V输入

图 5-22　只有模块功能的模块

　　模块板增加开关电源电路，二次侧输出 4 路直流 15V 和 1 路直流 12V 两种电压，直流 15V 电压直接供给模块内部控制电路，直流 12V 电压输出至室外机主板 7805 稳压块，为室外机主板供电，室外机主板则不再设计开关电源电路。

　　模块常见型号同样为三菱 PM20CTM060，由于此类模块停止生产，而市场上还存在大量使用此类模块的变频空调器，为供应配件，目前有改进的模块作为配件出现，使用东芝或三洋的模块，东芝型号为 IPMPIG20J503L。

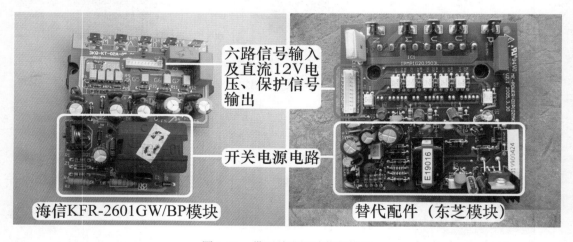

六路信号输入及直流12V电压、保护信号输出

开关电源电路

海信KFR-2601GW/BP模块

替代配件（东芝模块）

图 5-23　带开关电源功能的模块

3. 集成 CPU 控制电路的模块

　　实物见图 5-24，代表有海信 KFR-26GW/18BP 等机型，此类模块多见于目前生产的交流变频空调器或直流变频空调器。

　　模块板集成 CPU 控制电路，室外机电控系统的弱信号控制电路均在模块板上处理运行。室外机主板只是提供模块板所必需的直流 15V（模块内部控制电路供电）、5V（室外机 CPU 和弱信号电路供电）电压，及传递通信信号、驱动继电器等功能。

　　模块生产厂家有三菱、三洋、仙童（也译作飞兆）等，可以称其为第三代模块。与使用三菱 PM20CTM060 系列模块相比，有着本质区别。一是六路信号为直接驱动，中间不再需要光耦合器，这也为集成 CPU 提供了必要的条件；二是成本较低，通常为非铝制散热片；三是模块内部控制电路使用单电源直流 15V 供电；四是内部可以集成电流检测元件，与外围元件电路即可组成电流检测电路。

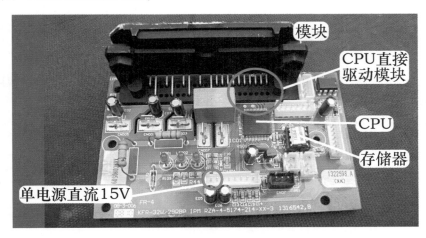

图 5-24　集成 CPU 控制功能的模块

4. 控制电路一体化的模块

实物见图 5-25，代表有美的 KFR-35GW/BP2DN1Y-H（3）、三菱重工 KFR-35GW/AIBP 等机型，此类模块多见于目前生产的交流变频空调器、直流变频空调器及全直流变频空调器，也是目前比较常见的一种类型，在集成 CPU 控制电路模块的基础上改进而来。

模块、室外 CPU 控制电路、弱信号处理电路、开关电源电路、滤波电容、硅桥、通信电路、PFC 电路、继电器驱动电路等，也就是说室外机电控系统所有电路均集成在一块电路板上，只需配上传感器、滤波电感等少量外围部件即可以组成室外机电控系统。

模块生产厂家有三菱、三洋、仙童等厂家，可以称其为第四代模块，是目前最常见的控制类型，由于所有电路均集成在一块电路板上，因此在出现故障后维修时也是最简单的一类空调器。

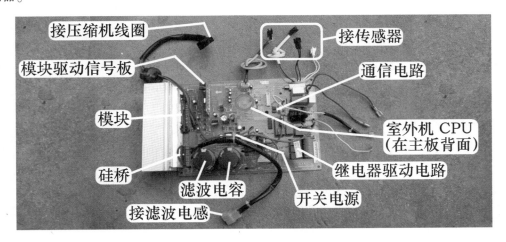

图 5-25　控制电路和模块一体化的模块

四、分类

根据 CPU 输出六路驱动信号至模块内部控制电路的过程，可分为使用光耦合器耦合与直接驱动两种。

1. 六路信号使用光耦合器耦合的模块特点

实物外观见图 5-22 和图 5-23。

① 通常用于早期生产的交流变频空调器。

② CPU 输出的六路信号经光耦合器耦合至模块内部控制电路，模块输出的保护信号也是经光耦合器耦合至 CPU，即 CPU 电路与模块内部电路相互隔离。

③ 模块与 CPU 控制电路通常设计在两块电路板上，使用排线连接。

④ 模块内部控制电路使用的直流 15V 电压通常为 4 路供电。

⑤ 模块通常与开关电源电路设计在一块电路板。

2. 六路信号直接驱动的模块特点

实物外观见图 5-24 和图 5-25。

① 通常用于目前生产的交流变频空调器或直流变频空调器。

② CPU 输出的六路信号直接送至模块内部控制电路，中间无光耦合器。

③ 模块通常与 CPU 控制电路集成到一块电路板上面。

④ 模块内部控制电路使用的直流 15V 电压通常为单路供电。

⑤ 体积更小，智能化程度更高，成本更低，且不易损坏（指模块内部 IGBT 开关管不易损坏）。

⑥ 模块内部集成电流检测电路或外置模块电流检测电阻，只需外围电路放大信号，即可输送至 CPU 电流检测引脚。

五、交流与直流变频空调器模块区别

在实际应用中，同一个型号的模块既能驱动交流变频空调器的压缩机，也能驱动直流变频空调器的压缩机，所不同的是由模块组成的控制电路板不同。驱动交流变频压缩机的模块板通过改动程序（即修改 CPU 或存储器的内部数据），即可驱动直流变频压缩机。模块板硬件方面有以下几种区别。

1. 模块板增加位置检测电路

如仙童 FSBB15CH60 模块，在海信 KFR-28GW/39MBP 交流变频空调器中，见图 5-26，驱动交流变频压缩机；而在海信 KFR-33GW/25MZBP 直流变频空调器中，见图 5-27，基板上增加位置检测电路，驱动直流变频压缩机。

2. 模块板双 CPU 控制电路

如三洋 STK621-031（041）模块，在海信 KFR-26GW/18BP 交流变频空调器中，见图 5-28，驱动交流变频压缩机；而在海信 KFR-32GW/27ZBP 中，见图 5-29，模块板使用双 CPU 设计，其中一个 CPU 的作用是与室内机通信，采集温度信号，并驱动继电器等，另外一个 CPU 专门控制模块，驱动直流变频压缩机。

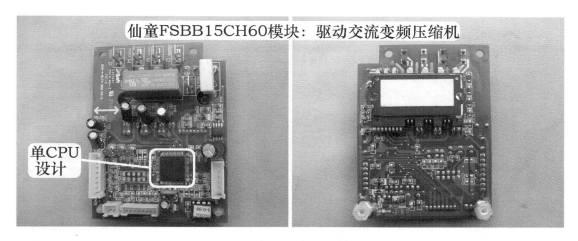

图 5-26 海信 KFR-28GW/39MBP 模块正面与背面

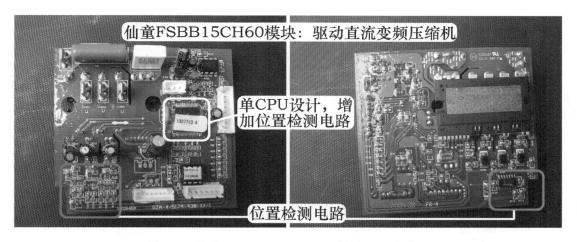

图 5-27 海信 KFR-33GW/25MZBP 模块板正面与背面

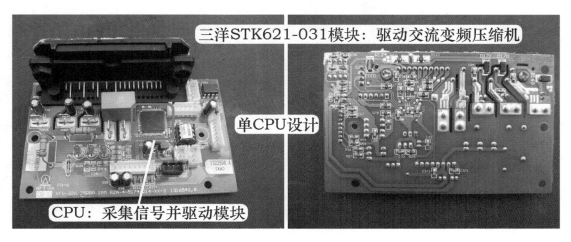

图 5-28 海信 KFR-26GW/18BP 模块板正面与背面

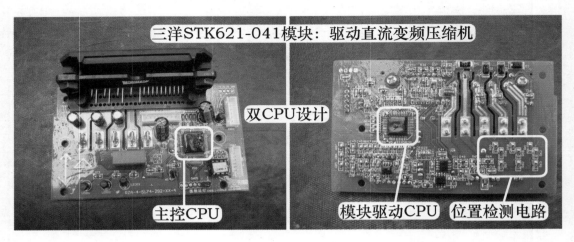

图 5-29　海信 KFR-32GW/27ZBP 模块板正面与背面

3. 双主板双 CPU 设计电路

目前常用的一种设计型式为，设有室外机主板和模块板，见图 5-30 和图 5-31，每块电路板上面均设计有 CPU，室外机主板为主控 CPU，作用是采集信号和驱动继电器等，模块板为模块驱动 CPU，专门用于驱动变频模块和 PFC 模块。

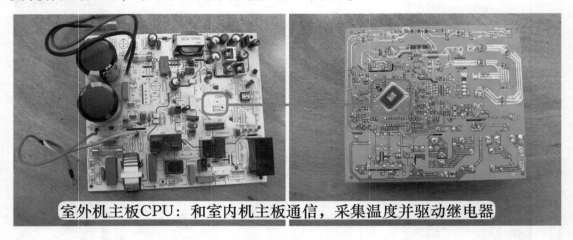

图 5-30　室外机主板

六、模块测量方法

无论任何类型的模块使用万用表测量时，内部控制电路工作是否正常不能判断，只能对内部 6 个开关管做简单的检测。

从图 5-32 所示的模块内部 IGBT 开关管框图可知，万用表显示值实际为 IGBT 开关管并联 6 个续流二极管的测量结果，因此应选择二极管挡，且 P、N、U、V、W 端子之间应符合二极管的特性。

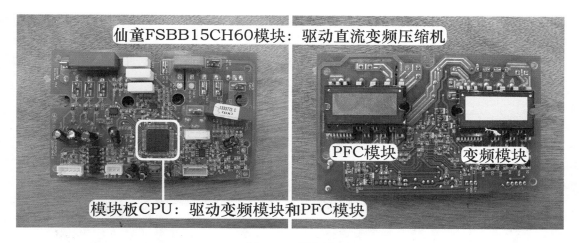

图 5-31　模块板

（1）测量 P、N 端子

测量过程见图 5-33，相当于 D1 和 D2（或 D3 和 D4、D5 和 D6）串联。

红表笔接 P、黑表笔接 N，为反向测量，结果为无穷大；红表笔接 N、黑表笔接 P，为正向测量，结果为 733mV。

如果正反向测量结果均为无穷大，为模块 P、N 端子开路；如果正反向测量接近 0mV，为模块 P、N 端子短路。

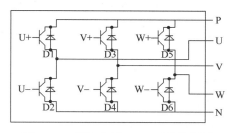

图 5-32　模块内部 IGBT 开关管框图

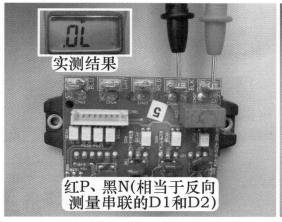
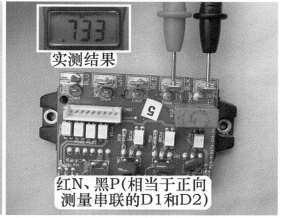

图 5-33　测量 P、N 端子

（2）测量 P 与 U、V、W 端子

相当于测量 D1、D3、D5。

红表笔接 P，黑表笔接 U、V、W，测量过程见图 5-34 左图，为反向测量，三次结果相同，应均为无穷大。

红表笔接 U、V、W，黑表笔接 P，测量过程见图 5-34 右图，为正向测量，三次结果相同，应均为 406mV。

如果反向测量或正向测量时 P 与 U、V、W 端结果接近 0mV，则说明模块 PU、PV、PW 结击穿。实际损坏时有可能是 PU、PV 结正常，只有 PW 结击穿。

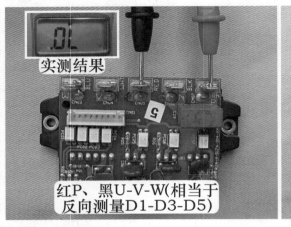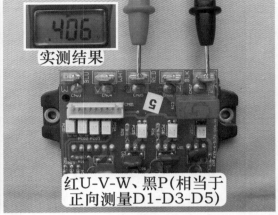

图 5-34　测量 P 与 U、V、W 端子

（3）测量 N 与 U、V、W 端子

相当于测量 D2、D4、D6。

红表笔接 U、V、W，黑表笔接 N，测量过程见图 5-35 左图，为反向测量，三次结果相同，应均为无穷大。

红表笔接 N，黑表笔接 U、V、W，测量过程见图 5-35 右图，为正向测量，三次结果相同，应均为 406mV。

如果反向测量或正向测量时，N 与 U、V、W 端结果接近 0mV，则说明模块 NU、NV、NW 结击穿。实际损坏时有可能是 NU、NW 结正常，只有 NV 结击穿。

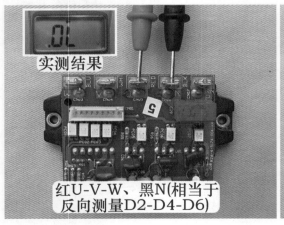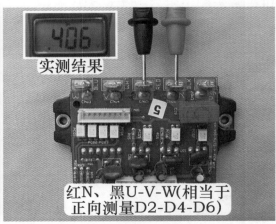

图 5-35　测量 N 与 U、V、W 端子

（4）测量 U、V、W 端子

测量过程见图 5-36，由于模块内部无任何连接，U、V、W 端子之间无论正反向测量，结果相同应均为无穷大。

如果结果接近 0mV，则说明 UV、UW、VW 结击穿。实际维修时 U、V、W 之间击穿损坏比例较少。

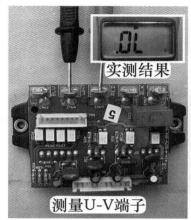
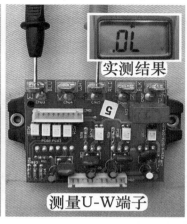
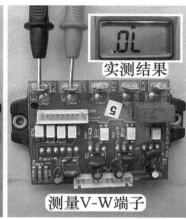

图 5-36　测量 U、V、W 端子

七、测量说明

① 测量时应将模块上 P、N 端子滤波电容供电，U、V、W 压缩机线圈引线全部拔下。

② 上述测量方法使用数字万用表。如果使用指针万用表，选择 R×1k 挡，测量时红、黑表笔所接端子与上述方法相反，得出的规律才会一致。

③ 不同的模块、不同的万用表正向测量时得出结果数值会不相同，但一定要符合内部 6 个续流二极管连接特点所组成的规律。同一模块同一万用表正向测量 P 与 U、V、W 端或 N 与 U、V、W 端时，结果数值应相同（如本次测量为 406mV）。

④ P、N 端子正向测量得出的结果数值应大于 P 与 U、V、W 或 N 与 U、V、W 得出的数值。

⑤ 测量模块时不要死记得出的数值，要掌握规律。

⑥ 模块常见故障为 PN、PU（或 PV、PW）、NU（或 NV、NW）击穿，其中 PN 端子击穿的比例最高。

⑦ 纯粹的模块为一体化封装，如内部 IGBT 开关管损坏，只能更换整个模块板组件。

⑧ 模块与控制基板（电路板）焊接在一起，如模块内部损坏，或电路板上某个元件损坏但检查不出来，也只能更换整个模块板组件。

第六章　挂式空调器电控系统

本章选用典型挂式空调器型号为美的 KFR-26GW/DY-B（E5）介绍电控系统组成、室内机主板框图、单元电路详解等。

注：在本章中，如非特别说明，电控系统知识内容全部选自美的 KFR-26GW/DY-B（E5）挂式空调器。

第一节　典型挂式空调器电控系统

一、电控系统组成

图 6-1 为典型挂式空调器（美的 KFR-26GW/DY-B）电控系统组成实物图，由图可知，一个完整的电控系统由主板和外围负载组成，包括主板、变压器、传感器、室内风机、显示板组件、步进电机、遥控器、接线端子等。

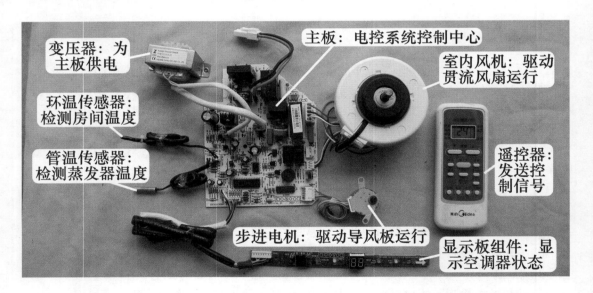

图 6-1　电控系统组成

二、主板框图和电路原理图

主板是电控系统的控制中心，由许多单元电路组成，各种输入信号经主板 CPU 处理后通过输出电路控制负载。主板通常可分四部分电路，即电源电路、CPU 三要素电路、输入电路、输出电路。

图 6-2 为室内机主板电路框图，图 6-3 为室内机主板电路原理图，图 6-4 为电控系统主要元器件，表 6-1 为主要元器件编号名称的说明。

说明：在本小节中，将主板电路原理图和实物图上的元件标号统一，并一一对应，使理论和实践相结合，且读图更方便。

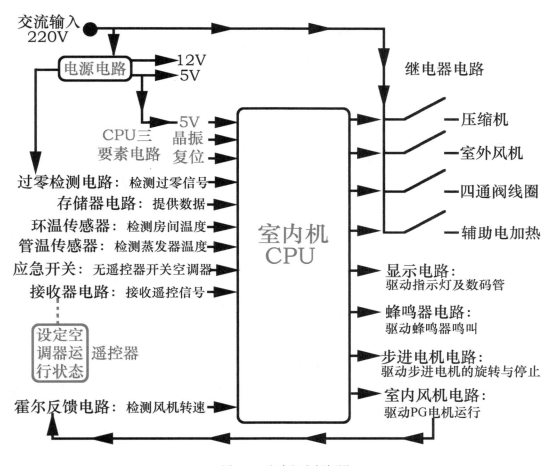

图 6-2　室内机主板框图

三、单元电路作用

1. 电源电路

将交流 220V 电压降压、整流、滤波，成为直流 12V 和 5V，为主板单元电路和外围负载供电。

2. CPU 三要素电路

电源、时钟（晶振）、复位称为三要素电路，其正常工作是 CPU 处理输入信号和控制输出电路的前提。

3. 输入部分电路

① 遥控信号（17）：对应电路为接收器电路，将遥控器发出的红外线信号处理后送至 CPU。

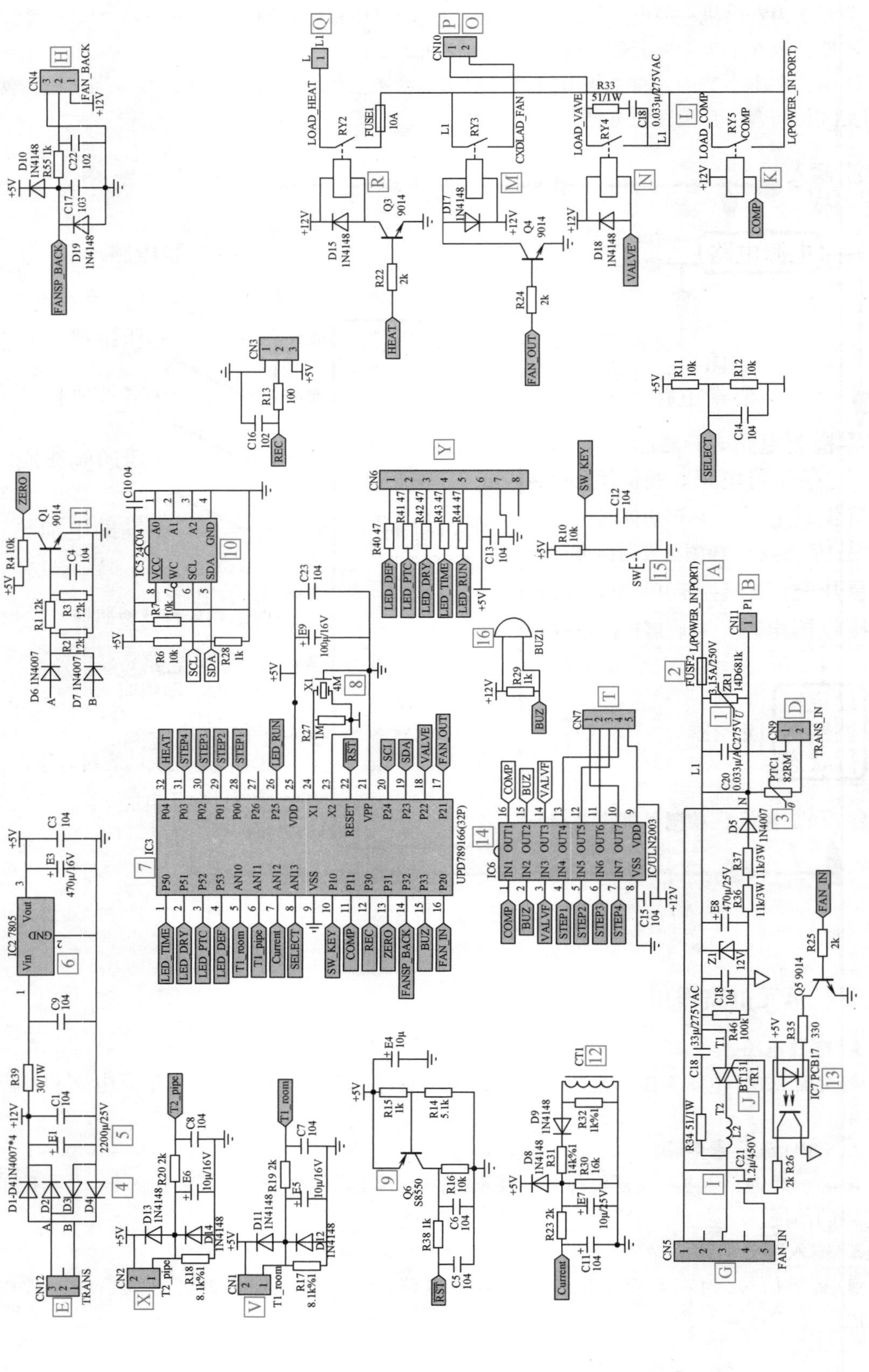

图 6-3 室内机主板电路原理图

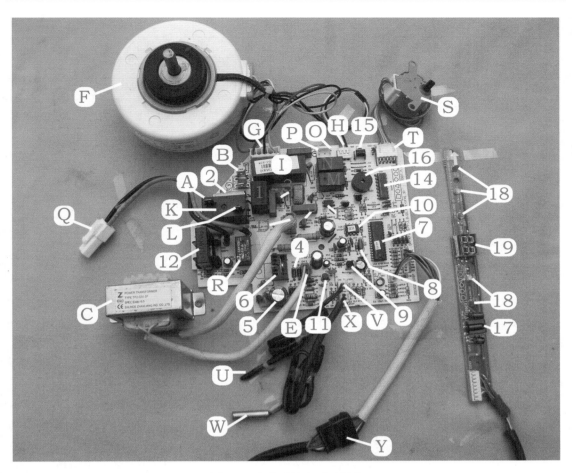

图6-4 电控系统主要元器件

表6-1 主要元器件编号说明

编号	名 称	编号	名 称
A	电源相线 L 输入	L	压缩机接线端子
B	电源零线 N 输入	M	室外风机继电器：控制室外风机的运行与停止
C	变压器：将交流 220V 降低至约 12V	N	四通阀线圈继电器：控制四通阀线圈的运行与停止
D	变压器一次绕组插座	O	室外风机接线端子
E	变压器二次绕组插座	P	四通阀线圈接线端子
F	室内风机：驱动贯流风扇运行	Q	辅助电加热插头
G	室内风机线圈供电插座	R	辅助电加热继电器
H	霍尔反馈插座：检测室内风机转速	S	步进电机：带动导风板运行
I	风机电容：在室内风机起动时使用	T	步进电机插座
J	可控硅：驱动室内风机	U	环温传感器：检测房间温度
K	压缩机继电器：控制压缩机运行与停止	V	环温传感器插座

（续）

编号	名　称	编号	名　称
W	管温传感器：检测蒸发器温度	9	复位晶体管
X	管温传感器插座	10	存储器：为 CPU 提供数据
Y	显示板组件对插插头	11	过零检测晶体管：检测过零信号
1	压敏电阻：在电压过高时保护主板	12	电流互感器
2	保险管：在电流过大时保护主板	13	光耦合器
3	PTC 电阻	14	反相驱动器：反相放大后驱动继电器线圈、步进电机线圈、蜂鸣器
4	整流二极管：将交流电整流成为脉动直流电	15	应急开关：无遥控器开关空调器
5	滤波电容：滤除直流电中的交流纹波成分	16	蜂鸣器：发声代表已接收到遥控信号
6	5V 稳压块 7805：输出端为稳定直流 5V	17	接收器：接收遥控器的红外线信号
7	CPU：主板的"大脑"	18	指示灯：指示空调器的运行状态
8	晶振：为 CPU 提供时钟信号	19	数码管：显示温度和故障代码

② 环温、管温传感器（U、W）：对应电路为传感器电路，将代表温度变化的电压送至 CPU。

③ 应急开关信号（15）：对应电路为应急开关电路，在没有遥控器时可以使用空调器。

④ 数据信号（10）：对应电路为存储器电路，为 CPU 提供运行时必要的数据信息。

⑤ 过零信号（11）：对应电路为过零检测电路，提供过零信号以便 CPU 控制光耦可控硅的导通角，使 PG 电机能正常运行。

⑥ 霍尔反馈信号（H）：对应电路为霍尔反馈电路，作用是为 CPU 提供室内风机（PG 电机）的实际转速。

⑦ 运行电流信号（12）：对应为电流检测电路，作用是为 CPU 提供压缩机运行电流信号。

4. 输出部分负载

① 蜂鸣器（16）：对应电路为蜂鸣器电路，用来提示 CPU 已处理遥控器发送的信号。

② 指示灯（18）和数码管（19）：对应电路为指示灯和数码管显示电路，用来显示空调器的当前工作状态。

③ 步进电机（S）：对应电路为步进电机控制电路，调整室内风机吹风的角度，能够均匀送到房间的各个角落。

④ 室内风机（F）：对应电路为室内风机驱动电路，用来控制室内风机的工作与停止。制冷模式下开机后就一直工作（无论外机是否运行）；制热模式下受蒸发器温度控制，只有蒸发器温度高于一定温度后才开始运行，即使在运行中，如果蒸发器温度下降，室内风机也会停止工作。

⑤ 辅助电加热（R）：对应为辅助电加热继电器驱动电路，用来控制辅助电加热的工作与停止，在制热模式下提高出风口温度。

⑥ 压缩机继电器（K）：对应电路为继电器驱动电路，用来控制压缩机的工作与停止。制冷模式下，压缩机受 3min 延时电路保护、蒸发器温度过低保护、电压检测电路、电流检测电路等控制；制热模式下，受 3min 延时电路保护、蒸发器温度过高保护、电压检测电路、电流检测电路等控制。

⑦ 室外风机继电器（M）：对应电路为继电器驱动电路，用来控制室外风机的工作与停止。受保护电路同压缩机。

⑧ 四通阀线圈继电器（N）：对应的电路为继电器驱动电路，用来控制四通阀线圈的工作与停止。制冷模式下无供电停止工作；制热模式下有供电开始工作，只有除霜过程中断电，其他过程一直供电。

第二节　主板单元电路

一、电源电路

电路原理图见图 6-5，实物图见 6-6，关键点电压见表 6-2。作用是将交流 220V 电压降压、整流、滤波、稳压后转换为直流 12V 和 5V 为主板供电。本节主要以常见的变压器降压型式的电源电路做详细介绍。

1. 工作原理

电容 C20 为高频旁路电容，用以旁路电源引入的高频干扰信号；FUSE2（3.15A 保险管）、ZR1（压敏电阻）组成过电压保护电路，输入电压正常时，对电路没有影响；而当电压高于交流约 680V，ZR1 迅速击穿，将前端保险管 FUSE2 熔断，从而保护主板后级电路免受损坏。

交流电源 L 端经保险管 FUSE2、N 端经 PTC 电阻分别送至变压器一次绕组，这样变压器一次侧输入电压和供电插座的交流电源相等。PTC1 为正温度系数的热敏电阻，阻值随温度变化而变化，作用是保护变压器绕组。

变压器、D1～D4（整流二极管）、E1（主滤波电容）、C1 组成降压、整流、滤波电路，变压器将输入电压交流 220V 降低至约交流 12V 从二次绕组输出，至由 D1～D4 组成的桥式整流电路，变为脉动直流电（其中含有交流成分），经 E1 滤波，滤除其中的交流成分，成为纯净的约 12V 直流电压，为主板 12V 负载供电。说明：本电路没有使用 7812 稳压块，因此直流 12V 电压实测为直流 11～16V，随输入的交流 220V 电压变化而变化。

R39 为保护电阻，当负载短路引起电流过大时，其开路后断开直流 12V 供电，从而保护变压器绕组。

IC2、E3、C3 组成 5V 电压产生电路；IC2（7805）为 5V 稳压块，输入端为直流 12V，经 7805 内部电路稳压，输出端输出稳定的直流 5V 电压，为 5V 负载供电。

表 6-2　电源电路关键点电压

变压器绕组插座		7805		
一次绕组	二次绕组	①脚输入端	②脚地	③脚输出端
约交流 220V	约交流 12V	约直流 14V	直流 0V	直流 5V

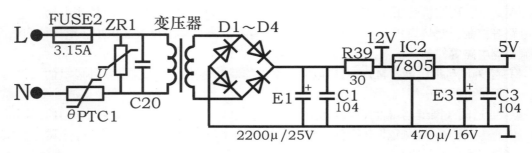

图 6-5　电源电路原理图

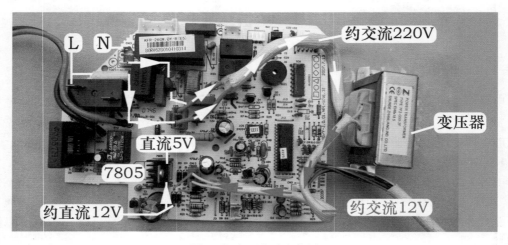

图 6-6　电源电路实物图

2. 直流 12V 和 5V 负载

（1）直流 12V 负载

直流 12V 取自主滤波电容正极，主要负载有 7805 稳压块、继电器线圈、PG 电机内部的霍尔反馈电路板、步进电机线圈、反相驱动器、蜂鸣器。

说明：PG 电机内部的霍尔反馈电路板一般为直流 5V 供电；美的空调器例外，使用直流 12V 供电。

（2）直流 5V 负载

直流 5V 取自 7805 的③脚输出端，主要负载：CPU、存储器、光耦合器、传感器电路、显示板组件上接收器、数码管、指示灯等。

二、CPU 三要素电路

1. CPU 简介

CPU 是一个大规模的集成电路，整个电控系统的控制中心，内部写入了运行程序（或工作时调取存储器中的程序）。根据引脚方向分类，常见有 2 种，见图 6-7，即两侧引脚和四面引脚。

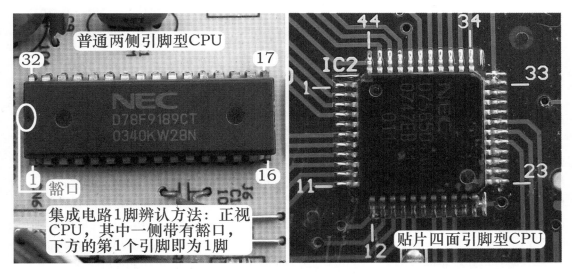

图 6-7　CPU

　　CPU 的作用是接收使用者的操作指令，结合室内环温、管温传感器等输入部分电路的信号进行运算和比较，确定空调器的运行模式（如制冷、制热、抽湿、送风），通过输出部分电路控制压缩机、室内外风机、四通阀线圈等部件，使空调器按使用者的意愿工作。

　　CPU 是主板上体积最大、引脚最多的元器件。现在主板 CPU 的引脚功能都是空调器厂家结合软件来确定的，也就是说同一型号的 CPU 在不同空调器厂家主板上引脚作用是不一样的。

　　美的空调器 KFR-26GW/DY-B（E5）室内机主板 CPU 使用 NEC 公司产品，型号为 D78F9189CT，共有 32 个引脚，主要引脚功能见表 6-3。

表 6-3　D78F9189CT 引脚功能

输入部分电路			输出部分电路		
引脚	英文代号	功能	引脚	英文代号	功能
10	SW-KEY	按键开关	1、2、3、4、26	LED、LCD	驱动指示灯和数码管
12	REC	遥控信号	28、29、30、31	STEP	步进电机
5	room	环温	15	BUZ	蜂鸣器
6	pipe	管温	16	FAN-IN	室内风机
13	ZERO	过零检测	32	HEAT	辅助电加热
14	FANSP-BACK	霍尔反馈	11	COMP	压缩机
7	Current、CT	电流	17	FAN-OUT	室外风机
8 脚为机型选择，27 脚为空脚，21 脚接地			18	VALVE	四通阀线圈
19	SDA	数据	20	SCL	时钟	存储器电路
25	VDD	供电	23	X2	晶振	
9	VSS	地	24	X1	晶振	CPU 三要素电路
			22	RST	复位	

2. 工作原理

CPU 三要素电路原理图见图 6-8，实物图见 6-9，关键点电压见表 6-4。

电源、复位、时钟称为三要素电路，是 CPU 正常工作的前提，缺一不可，否则会死机引起空调器上电无反应故障。

① CPU㉕脚是电源供电引脚，由 7805 的③脚输出端直接供给。滤波电容 E9、C23 的作用是使 5V 供电更加纯净和平滑。

② 复位电路将内部程序处于初始状态。CPU㉒脚为复位引脚，由外围元件滤波电容 E4、瓷片电容 C6 和 C5、PNP 型晶体管 Q6（9012）、电阻（R14、R15、R16、R38）组成低电平复位电路。初始上电时，5V 电压首先对 E4 充电，同时对 R15 和 R14 组成的分压电路分压，当E4 充电完成后，R15 分得的电压约为 0.7V，使得 Q6 充分导通，5V 经 Q6 发射极、集电极、R38 至 CPU㉒脚。电容 E4 正极电压由 0V 逐渐上升至 5V，因此 CPU㉒脚电压、相对于电源引脚㉕要延时一段时间（一般为几十毫秒），将 CPU 内部程序清零，对各个端口进行初始化。

③ 时钟电路提供时钟频率。CPU㉓、㉔为时钟引脚，内部电路与外围元件 X1（晶振）、电阻 R27 组成时钟电路，提供 4MHz 稳定的时钟频率，使 CPU 能够连续执行指令。

表 6-4　CPU 三要素电路关键点电压

㉕脚供电	⑨脚地	Q6：E	Q6：B	Q6：C	㉒脚复位	㉓脚晶振	㉔脚晶振
5V	0V	5V	4.3V	5V	5V	2.8V	2.5V

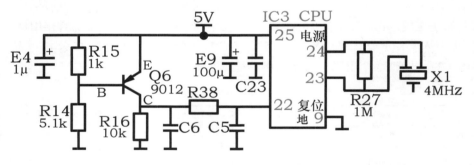

图 6-8　CPU 三要素电路原理图

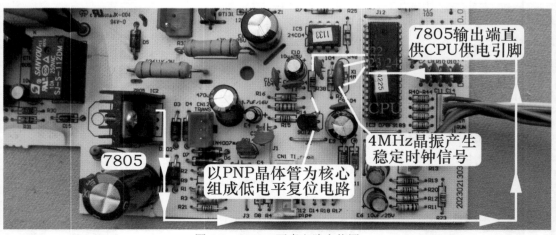

图 6-9　CPU 三要素电路实物图

三、存储器电路

电路原理图见图 6-10，实物图见 6-11，关键点电压见表 6-5，作用是向 CPU 提供工作时所需要的数据。

1. 工作原理

室内机主板使用的存储器型号为 24C04，通信过程采用 I^2C 总线方式，即 IC 与 IC 之间的双向传输总线，它有两条线：即串行时钟线（SCL）和串行数据线（SDA）。时钟线传递的时钟信号由 CPU 输出，存储器只能接收；数据线传送的数据是双向的，CPU 可以向存储器发送信号，存储器也可以向 CPU 发送信号。

使用万用表直流电压挡，测量存储器 24C04 引脚电压，实测⑤脚电压为 5V，⑥脚电压为 0V，说明在测量电压时 CPU 并没有向存储器读取数据，也就是说 CPU 未向存储器发送时钟信号。

表 6-5　存储器电路关键点电压

存储器 24C04 引脚				CPU 引脚	
（1-2-3-4-7）脚	⑧脚	⑤脚	⑥脚	⑲脚	⑳脚
0V	5V	5V	0V	5V	0V

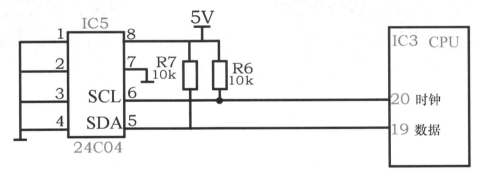

图 6-10　存储器电路原理图

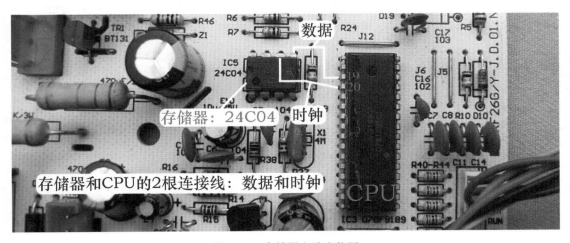

图 6-11　存储器电路实物图

2. 电路相关知识

① 存储器内部存有 PG 电机高风- 中风- 低风的转速值、制冷或制热模式下各种保护温度值、进入退出除霜过程的温度值和时间、整机运行程序等数据，CPU 工作时调取存储器的数据对整机电路进行控制。

② 存储器硬件一般不会损坏，常见故障为内部数据失效或 CPU 无法读取数据，出现如能开机但不制冷、风机转速不能调节等故障，CPU 会报出"存储器损坏"的故障代码。在实际检修中，单独使用万用表检修存储器电路比较困难，一般使用代换法。

③ 存储器在主板上英文符号为 IC（代表为集成电路），见图 6-12，常用的型号有93C46 和 24CXX 系列（24C01、24C02、24C04、24C08）。外观为黑色，位于 CPU 附近，通常为双列 8 个引脚。

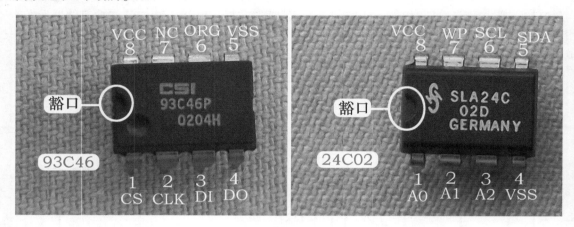

图 6-12　存储器

四、应急开关电路

电路原理图见图 6-13，实物图见图 6-14，按键状态与 CPU 引脚电压的对应关系见表 6-6，作用是无遥控器时可以开启或关闭空调器。

强制制冷功能、强制自动功能共用一个按键，CPU⑩脚为应急开关按键检测引脚，正常时为高电平直流 5V，应急开关按下时为低电平 0V，CPU 根据低电平的次数进入各种控制程序。

控制程序：按压第 1 次按键，空调器将进入强制自动模式，按之前若为关机状态，按之后将转为开机状态；按压第 2 次按键，将进入强制制冷状态；按压第 3 次按键，空调器关机。按压按键使空调器运行时，在任何状态下都可用遥控器控制，转入遥控器设定的运行状态。

表 6-6　按键状态与 CPU 引脚电压对应关系

	CPU⑩脚电压
应急开关按键未按下时	5V
应急开关按键按下时	0V

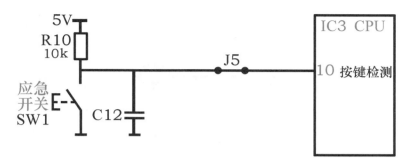

图 6-13　应急开关电路原理图

图 6-14　应急开关电路实物图

五、遥控接收电路

电路原理图见图 6-15，实物图见 6-16，遥控器状态与 CPU 引脚电压的对应关系见表 6-7，作用是接收遥控器发送的红外线信号、处理后送至 CPU 引脚。

遥控器发射含有经过编码的调制信号以 38kHz 为载波频率，发送至位于显示板组件上的接收器 REC201，REC201 将光信号转换为电信号，并进行放大、滤波、整形，经 R13 送至 CPU⑫脚，CPU 内部电路解码后得出遥控器的按键信息，从而对电路进行控制；CPU 每接收到遥控信号后会控制蜂鸣器响一声给予提示。

接收器在接收到遥控信号时，输出端由静态电压会瞬间下降至约 3V，然后再迅速上升至静态电压。遥控器发射信号时间约 1s，接收器接收到遥控信号时输出端电压也有约 1s 的时间瞬间下降。

表 6-7　接收器状态与 CPU 引脚电压对应关系

	接收器输出端电压	CPU⑫脚电压
遥控器未发射信号	4.96V	4.96V
遥控器发射信号	约 3V	约 3V

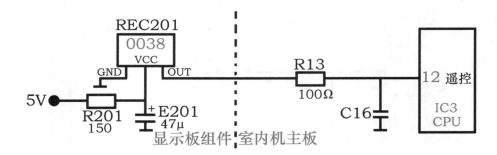

图 6-15　接收器电路原理图

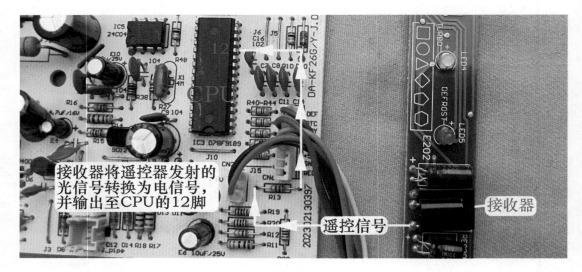

图 6-16　接收器电路实物图

六、传感器电路

1. 工作原理

电路原理图见图 6-17，实物图见 6-18。室内环温传感器向 CPU 提供房间温度，与遥控器设定温度相比较，控制空调器的运行与停止；室内管温传感器向 CPU 提供蒸发器温度，在制冷系统进入非正常状态时保护停机。

环温传感器 room、下偏置电阻 R17（8.1kΩ 精密电阻）、二极管 D11 和 D12、电解电容 E5 和瓷片电容 C7、电阻 R19、CPU⑤脚组成环温传感器电路；管温传感器 pipe、下偏置电阻 R18（8.1kΩ 精密电阻）、二极管 D13 和 D14、电解电容 E6 和瓷片电容 C8、电阻 R20、CPU⑥脚组成管温传感器电路。

环温和管温传感器电路工作原理相同，以环温传感器为例。环温传感器（负温度系数热敏电阻）和电阻 R17 组成分压电路，R17 两端电压即 CPU⑤脚电压的计算公式为：5 × R17／（环温传感器阻值 + R17）；环温传感器阻值随房间温度的变化而变化，CPU⑤脚电压也相应变化。环温传感器在不同的温度有相应的阻值，CPU⑤脚有相应的电压值，房间温度与 CPU⑤脚电压为成比例的对应关系，CPU 根据不同的电压值计算出实际房间温度。

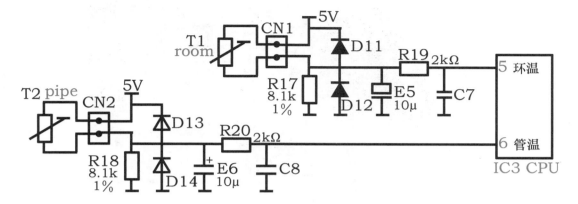

图 6-17　传感器电路原理图

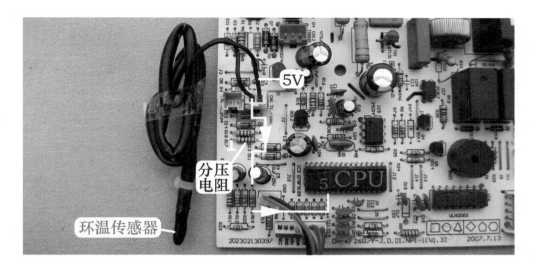

图 6-18　环温传感器电路实物图

美的空调器的环温和管温传感器均使用 25℃/10kΩ 型，传感器在 25℃ 时阻值为 10kΩ，在 15℃ 时阻值为 16.1kΩ，传感器温度阻值与 CPU 引脚对应关系见表 6-8。

表 6-8　传感器温度阻值与 CPU 引脚对应关系

温度/℃	-10	0	5	15	25	30	50	60	70
阻值/kΩ	62.2	35.2	26.8	16.1	10	8	3.4	2.3	1.6
CPU 电压/V	0.57	0.93	1.16	1.67	2.23	2.51	3.52	3.89	4.17

2. 测量传感器插座分压点电压

由于环温传感器和管温传感器使用型号相同，分压电阻阻值也相同，因此在同一温度下分压点电压即 CPU 引脚电压应相同或接近。

在房间温度约 25℃ 时，见图 6-19，使用万用表直流电压挡测量传感器电路插座电压，实测公共端电压为 5.01V，环温传感器分压点电压为 2.17V，管温传感器分压点电压为 2.08V。

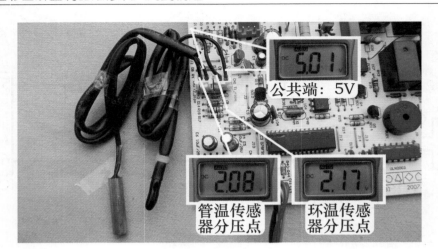

图 6-19　测量传感器插座分压点电压

七、过零检测电路

1. 作用

可以理解为给 CPU 提供一个标准，起点是零电压，可控硅导通角的大小就是依据这个标准。也就是 PG 电机高速、中速、低速、微速均对应一个导通角，而每个导通角的导通时间是从零电压开始计算的，导通时间不一样，导通角度的大小就不一样，因此电机的转速就不一样。

2. 工作原理

过零检测电路原理图见图 6-20，实物图见图 6-21，关键点电压见表 6-9，由 CPU⑬脚、二极管 D6 和 D7、电容 C4、晶体管 Q1、电阻 R1- R2- R3- R4 组成。

取样点为变压器二次绕组插座的约交流 12V 电压，经 D6 和 D7 全波整流、电阻 R1- R2-R3 分压、电容 C4 滤除高频成分，送至晶体管 Q1 基极（B）。当电压高于 0.7V，Q1 集电极（C）和发射极（E）导通，CPU⑬脚为低电平约 0.1V；当电压低于 0.7V，Q1（C）极和（E）极截止，CPU⑬脚为高电平约 5V；通过晶体管 Q1 的反复导通、截止，在 CPU⑬脚形成 100Hz 脉冲波形，CPU 通过计算，检测出输入交流电源电压的零点位置。

表 6-9　过零检测电路关键点电压

变压器二级绕组插座	D6 和 D7 负极	Q1：B	Q1：C	CPU⑬脚
约交流 12V	直流 10.2V	直流 0.67V	直流 0.49V	直流 0.49V

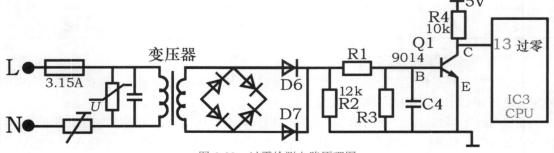

图 6-20　过零检测电路原理图

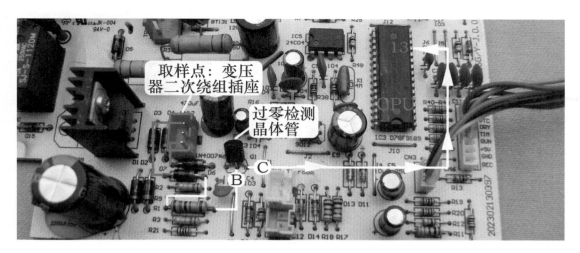

图 6-21 过零检测电路实物图

八、霍尔反馈电路

1. 转速检测原理

见图 6-22,霍尔是一种基于霍尔效应的磁传感器,常用型号有 44E、40AF 等,引脚功能和作用相同,特性是可以检测磁场及其变化,应用在各种与磁场有关的场合。使用在 PG 电机中时,霍尔安装在内部独立的电路板(霍尔电路板)。

见图 6-23,PG 电机内部的转子上装有磁环,霍尔电路板上的霍尔与磁环在空间位置上相对应。

PG 电机转子旋转时带动磁环转动,霍尔元件将磁环的感应信号转化为高电平或低电平的脉冲电压由输出脚输出至主板 CPU;转子旋转一圈,霍尔元件会输出一个脉冲信号电压或几个脉冲信号电压(厂家不同,脉冲信号数量不同),CPU 根据脉冲电压(即霍尔信号)计算出电机的实际转速,与目标转速相比较,如有误差则改变光耦可控硅的导通角,从而改变 PG 电机的转速,使实际转速与目标转速相对应。

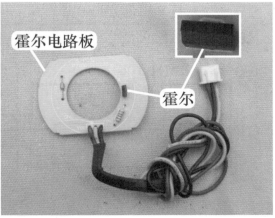

图 6-22 霍尔元件

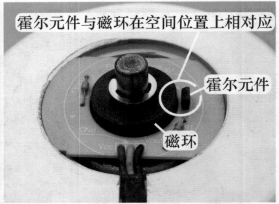

图 6-23　霍尔信号输出原理

2. 工作原理

　　霍尔反馈电路原理图见图 6-24，实物图见图 6-25，霍尔输出引脚电压与 CPU 引脚电压的对应关系见表 6-10。作用是向 CPU 提供 PG 电机的实际转速。PG 电机内部电路板通过 CN4 插座和室内机主板连接，共有 3 根引线，即供电直流 12V、霍尔反馈输出、地。

　　PG 电机开始转动时，内部电路板霍尔 IC1 的③脚输出代表转速的信号（即霍尔信号），经电阻 R3、R7 送至 CPU 的⑭脚，CPU 通过霍尔数量计算出 PG 电机的实际转速，并与内部数据相比较，如转速高于或低于正常值即有误差，CPU⑯输出信号通过改变晶闸管的导通角，改变 PG 电机线圈插座的供电电压，从而改变 PG 电机的转速，使实际转速与目标转速相同。

　　说明：待机状态下用手拨动贯流风扇时霍尔输出引脚会输出高电平或低电平，表 6-10 中的数值为直流 12V 电压实测为 12V 时测得，如果直流 12V 上升至直流 15V，则各个引脚的电压也相应升高。

表 6-10　霍尔输出引脚电压与 CPU 引脚电压对应关系

	IC1：①脚供电	IC1：③脚输出	CN4 反馈引线	CPU：⑭脚霍尔
IC1 输出低电平	11.4V	0V	0V	0V
IC1 输出高电平	11.4V	8V	7.6V	5.6V
正常运行	11.4V	4V	3.8V（3.5~3.9V）	2.7V（2.5~3V）

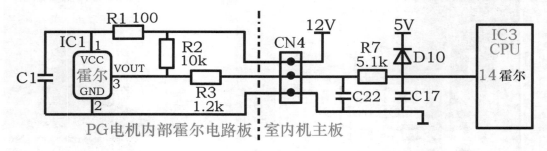

图 6-24　霍尔反馈电路原理图

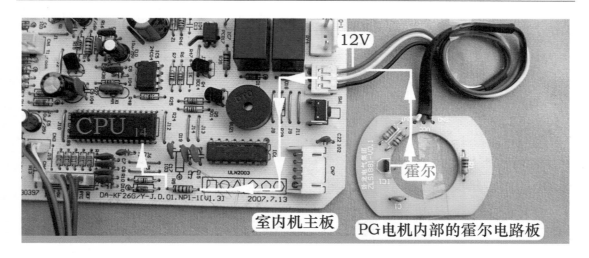

图 6-25　霍尔反馈电路实物图

3. 霍尔元件检测方法

由于 PG 电机在转动时，内部霍尔电路板的霍尔元件会输出代表转速的信号，在检修时可利用这一特性，见图 6-26，在空调器处于待机状态即通上电源但不开机，将手从出风口伸入，并慢慢拨动贯流风扇，相当于用手慢慢旋转 PG 电机轴，使用万用表直流电压挡，测量霍尔反馈插座的输出引线电压。

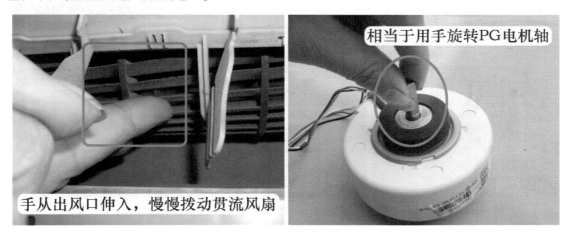

图 6-26　拨动贯流风扇相当于旋转 PG 电机轴

（1）供电电压为直流 12V

见图 6-27，美的空调器 PG 电机内部霍尔电路板供电电压通常为直流 12V，在 PG 电机正常运行时，霍尔反馈插座的反馈端引线电压约为 3.8V（实测在 3.5~3.9V）。

停机但不拨下空调器电源插座，用手慢慢拨动贯流风扇，电压实测为 7.6V（高电平）~0V（低电平）~7.6V~0V 的跳动变化；如果实测电压一直为 0V 或供电电压 12V 或其他电压值，即不为跳变电压，则可判断霍尔元件损坏。

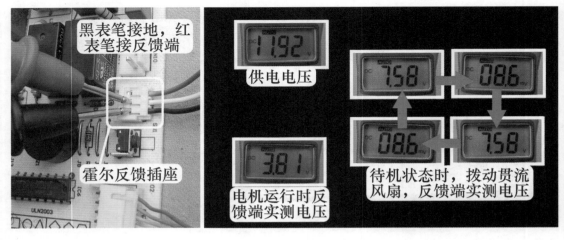

图 6-27 测量直流 12V 供电的霍尔反馈引线电压

（2）供电电压为直流 5V

见图 6-28，如海信、海尔、格力等大多数品牌的空调器，霍尔反馈插座供电一般为直流 5V，在 PG 电机正常运行时，反馈端引线电压恒定为 2.5V，待机状态时反馈端为 5V ～ 0V ～ 5V ～ 0V 的跳变电压；如果待机状态一直为恒定值，则可判断霍尔损坏。

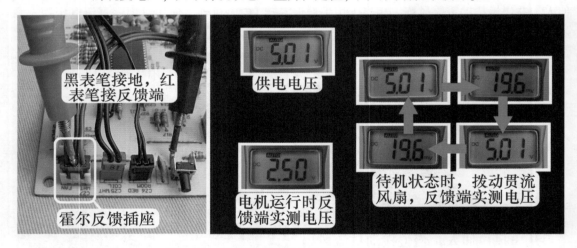

图 6-28 测量直流 5V 供电的霍尔反馈引线电压

说明：海尔 KFR-32GW/Z2 挂式空调器室内风机（PG 电机），霍尔反馈插座为直流 5V 供电，用手拨动贯流风扇时反馈端引线为 1.3V ～ 0V ～ 1.3V ～ 0V 的跳变电压，PG 电机正常运行时反馈端引线电压恒定为 0.6V。

九、电流检测电路

1. 电流互感器

见图 6-29，电流互感器其实也相当于一个变压器，一次绕组为在中间孔穿过的电源引线（通常为压缩机引线），二次绕组安装在互感器上。

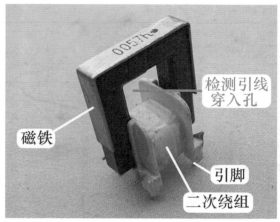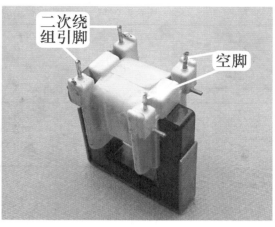

图 6-29　电流互感器

2. 检测压缩机引线

见图 6-30，美的 KFR-26GW/DY-B（E5）室内机主板上，电流互感器中间孔穿入压缩机引线，说明 CPU 检测为压缩机电流；如果电流互感器中间孔穿入交流电源 L 输入引线，则 CPU 检测为整机运行电流。

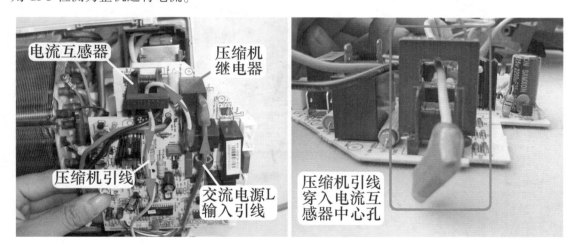

图 6-30　检测压缩机引线

3. 工作原理

电路原理图见图 6-31，实物图见图 6-32，压缩机运行电流与 CPU 引脚电压的对应关系见表 6-11。

当压缩机引线（相当于一次绕组）有电流通过时，在二次绕组感应出成比例的电压，经 D9 整流、E7 滤波、R31 和 R30 分压，由 R23 送至 CPU 的⑦脚（电流检测引脚）。CPU（⑦脚）根据电压值计算出压缩机实际运行电流值，再与内置数据相比较，即可计算出压缩机工作是否正常，从而对其进行控制。

表 6-11　压缩机运行电流与 CPU 引脚电压对应关系

压缩机运行 电流/A	CT1 二次侧交流 电压/V	CPU⑦脚 电压/V	压缩机运行 电流/A	CT1 二次侧交流 电压/V	CPU⑦脚 电压/V
3.5	1.1	0.63	5.5	1.78	1.14
6.8	2.2	1.5	8.5	2.75	2

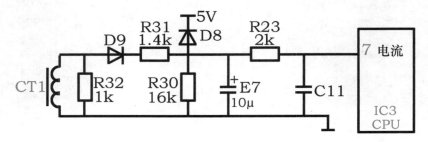

图 6-31　电流检测电路原理图

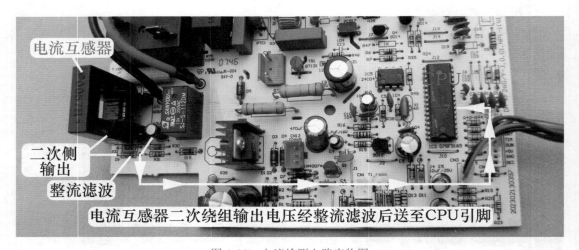

图 6-32　电流检测电路实物图

十、显示电路

1. 显示方式

美的 KFR-26GW/DY-B（E5）空调器使用指示灯 + 数码管的方式进行显示，室内机主板和显示板组件由一束 8 根的引线连接。

2. 显示板组件

见图 6-33，显示板组件共设有 5 个指示灯：智能清洁、定时、运行、强劲、预热/化霜；使用 1 个 2 位数码管，可显示设定温度、房间温度、故障代码等。由集成块 HC164 驱动 5 个指示灯和数码管。

3. 工作原理

（1）HC164 引脚功能

HC164 为 8 位串行移位寄存器，共有 14 个引脚，其中⑭脚为 5V 供电、⑦脚为地；①

脚和②脚为数据输入（DATA），2 个引脚连在一起接主板 CPU①脚；⑧脚为时钟输入（CLK），接主板 CPU②脚；⑨脚为复位，实接直流 5V；③~⑥、⑩~⑬共 8 个引脚为输出，接指示灯和数码管。

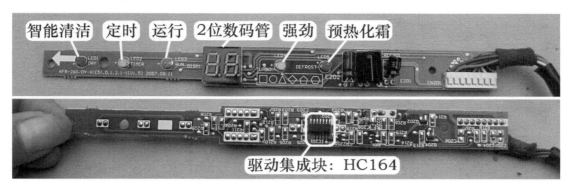

图 6-33　显示板组件主要元件

（2）室内机主板和显示板组件的 8 根连接引线功能

见表 6-12。其中 COM1-2 和 COM3 为显示板组件上数码管 5V 供电引脚的控制引线。

表 6-12　室内机主板和显示板组件的 8 根连接引线功能

编号	1	2	3	4	5	6	7	8
颜色	黑	白	红	灰	黑	棕	绿	蓝
功能	接收器 REC	地 GND	5V 供电 VCC	供电控制 COM1-2	数据 DATA	时钟 CLK	供电控制 COM3	空
接 CPU 引脚	⑫		㉖		①	②	③	④

（3）控制流程

见图 6-34，主板 CPU②脚向显示板组件上 IC201（HC164）发送时钟信号，CPU①脚向 HC164 发送显示数据的信息，HC164 处理后驱动指示灯和数码管；CPU③脚和㉖脚输出信号控制数码管 5V 供电的接通与断开。

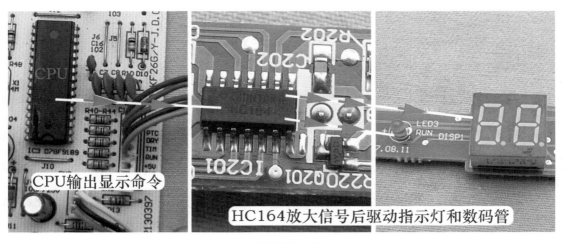

图 6-34　显示屏和指示灯驱动流程

十一、蜂鸣器驱动电路

电路原理图见图 6-35，实物图见 6-36。作用是 CPU 接收到遥控信号且已处理，驱动蜂鸣器发出"滴"声响一次予以提示。

CPU⑮脚是蜂鸣器控制引脚，正常时为低电平；当接收到遥控信号时引脚变为高电平，反相驱动器 IC6 的输入端⑤脚也为高电平，输出端⑮脚则为低电平，蜂鸣器发出预先录制的音乐。由于 CPU 输出高电平时间很短，万用表不容易测出电压。

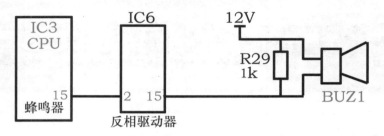

图 6-35　蜂鸣器驱动电路原理图

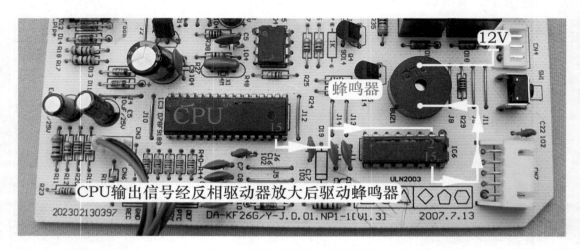

图 6-36　蜂鸣器驱动电路实物图

十二、步进电机驱动电路

步进电机线圈驱动方式为 4 相 8 拍，共有 4 组线圈，电机每转一圈需要移动 8 次。线圈以脉冲方式工作，每接收到一个脉冲或几个脉冲，电机转子就移动一个位置，移动距离可以很小。

电路原理图见图 6-37，实物图见 6-38，CPU 引脚电压与步进电机状态的对应关系见表 6-13。

CPU㉘~㉛脚输出步进电机驱动信号，至反相驱动器 IC6 的输入端④~⑦脚，IC6 将信号放大后在⑬~⑩脚反相输出，驱动步进电机线圈，步进电机按 CPU 控制的角度开始转动，带动导风板上下摆动，使房间内送风均匀，到达用户需要的地方。

室内机主板 CPU 经反相驱动器放大后将驱动脉冲加至步进电机线圈，如供电顺序为：
A- AB- B- BC- C- CD- D- DA- A…，电机转子按顺时针方向转动，经齿轮减速后传递到输出轴，从而带动导风板摆动；如供电顺序转换为：A- AD- D- DC- C- CB- B- BA- A…，电机转子按逆时针转动，带动导风板朝另一个方向摆动。

表 6-13　CPU 引脚电压与步进电机状态对应关系

CPU：28-29-30-31	IC6：4-5-6-7	IC6：13-12-11-10	步进电机状态
1.8V	1.8V	8.6V	运行
0V	0V	12V	停止

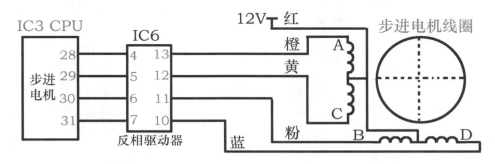

图 6-37　步进电机驱动电路原理图

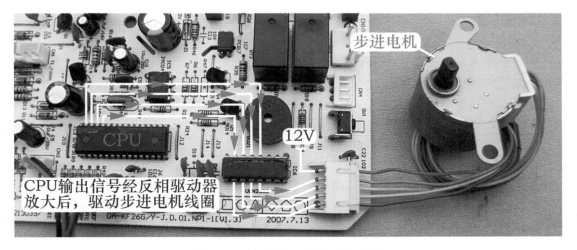

图 6-38　步进电机驱动电路实物图

十三、PG 电机驱动电路

目前生产的定频、交流变频、直流变频的挂式空调器室内风机，基本上全部使用 PG 电机，由 2 个输入部分的单元电路和 1 个输出部分的单元电路组成。

室内机主板上电后，首先通过过零检测电路检查输入交流电源的零点位置，检查正常后，再通过 PG 电机驱动电路驱动电机运行；PG 电机运行后，内部输出代表转速的霍尔信号，送至室内机主板的霍尔反馈电路供 CPU 检测实时转速，并与内部数据相比较，如有误差（即转速高于或低于正常值），通过改变可控硅的导通角，改变 PG 电机工作电压，PG 电机转速也随之改变。

PG 调速塑封电机，简称为 PG 电机，是单相异步电容运转电机，通过可控硅调压调速的方法来调节转速。见图 6-39，共有 2 个插头，1 个为线圈供电插头，1 个为霍尔反馈插头。

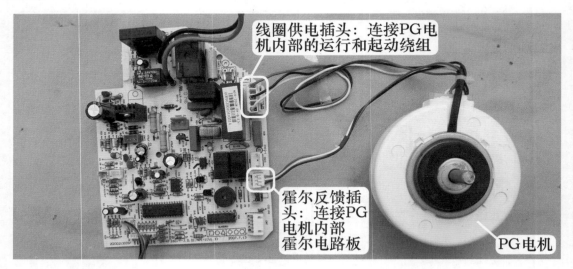

线圈供电插头：连接PG电机内部的运行和起动绕组

霍尔反馈插头：连接PG电机内部霍尔电路板

PG电机

图 6-39　PG 电机插头和主板插座

1. 可控硅调速原理

可控硅调速是用改变可控硅导通角的方法来改变电机端电压的波形，从而改变电机端电压的有效值，达到调速的目的。

当可控硅导通角 $\alpha_1 = 180°$ 时，电机端电压波形为正弦波，即全导通状态；当可控硅导通角 $\alpha_1 < 180°$ 时，即非全导通状态，电压有效值减小；α_1 越小，导通状态越少，则电压有效值越小，所产生的磁场越小，则电机的转速越低。由以上的分析可知，采用可控硅调速其电机的转速可连续调节。

2. 电路工作原理

PG 电机驱动电路原理图见图 6-40，实物图见 6-41。

整流二极管 D5、降压电阻 R37 和 R36、滤波电容 E8、12V 稳压二极管 Z1 和 R46 组成降压、整流、滤波、稳压电路，在电容 E8 两端产生直流 12V，通过光耦合器 IC7（PC817）向双向可控硅 TR1（BT131）提供门极电压。说明：此直流 12V 取自交流 220V，为 PG 电机驱动电路专用，和室内机主板的直流 12V 各自相对独立，2 路直流 12V 电压的负极也不相通。

CPU⑯脚为室内风机控制引脚，输出的驱动信号经电阻 R24 送至晶体管 Q5 基极（B），Q5 放大后送至光耦合器 IC7 初级发光二极管的负极，IC7 次级导通，为双向可控硅 TR1 的门极 G 提供门极电压，TR1 的 T1 和 T2 导通，交流电源 L 端经 T1→T2→扼流线圈 L2 送至 PG 电机线圈公共端，和交流电源 N 端构成回路，PG 电机转动，带动贯流风扇运行，室内机开始吹风。

CPU⑯脚输出的驱动信号经 Q5 放大后，通过改变光耦合器 IC7 初级发光二极管的电压，改变次级光敏晶体管的导通程度，改变双向可控硅 TR1 的门极电压大小，从而改变 TR1 的导通角，PG 电机工作的交流电压也随之改变，运行速度也随之改变，室内机吹风量也随之改变。

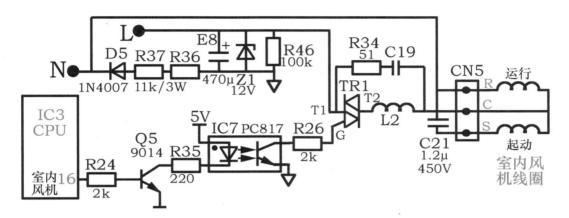

图 6-40　PG 电机驱动电路原理图

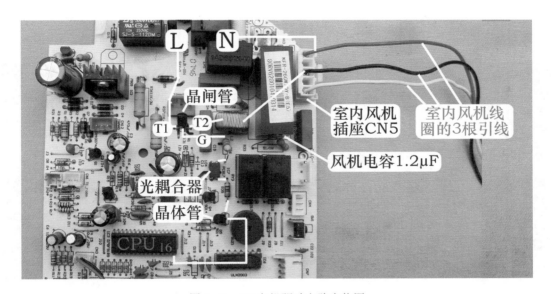

图 6-41　PG 电机驱动电路实物图

十四、辅助电加热驱动电路

空调器使用热泵式制热系统，即吸收室外的热量转移到室内，以提高室内温度，如果室外温度低于 0℃以下时，空调器的制热效果将明显下降，辅助电加热就是为提高制热效果而设计。

电路原理图见图 6-42，实物图见 6-43，CPU 引脚电压与辅助电加热状态的对应关系见表 6-14。

CPU㉜脚、电阻 R21、晶体管 Q3、二极管 D15、继电器 RY2 组成辅助电加热继电器驱动电路，工作原理和室外风机继电器驱动电路相同。当 CPU㉜脚为高电平 5V 时，晶体管 Q3 导通，继电器 RY2 触点闭合，辅助电加热开始工作；当 CPU㉜脚为低电平 0V 时，Q3 截止，RY2 触点断开，辅助电加热停止工作。

表 6-14　CPU 引脚电压与辅助电加热状态对应关系

CPU㉜脚	Q3：B	Q3：C	RY2 线圈电压	触点状态	负载
5V	0.8V	0.1V	11.9V	闭合	辅助电加热工作
0V	0V	12V	0V	断开	辅助电加热停止

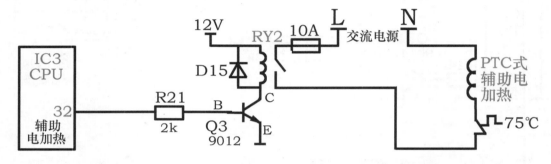

图 6-42　辅助电加热驱动电路原理图

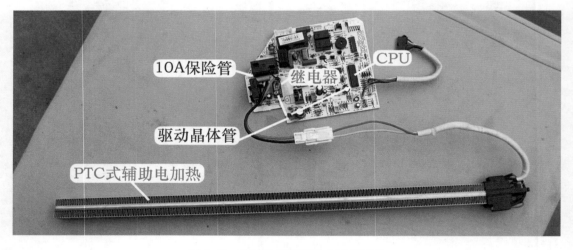

图 6-43　辅助电加热驱动电路实物图

十五、室外机负载驱动电路

图 6-44 为驱动电路原理图，图 6-45 为压缩机继电器触点闭合过程，图 6-46 为压缩机继电器触点断开过程，CPU 引脚电压与压缩机状态的对应关系见表 6-15，CPU 引脚电压与四通阀线圈状态的对应关系见表 6-16，CPU 引脚电压与室外风机状态的对应关系见表 6-17。

作用是向压缩机、室外风机、四通阀线圈提供或断开交流 220V 电源，使制冷系统按 CPU 控制程序工作。

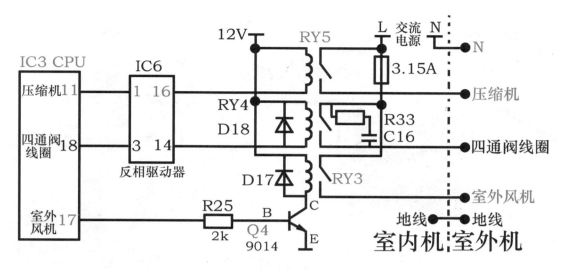

图 6-44　室外机负载驱动电路原理图

1. 压缩机和四通阀线圈继电器驱动电路工作原理

CPU⑪脚、反相驱动器 IC6①脚和⑯脚、继电器 RY5 组成压缩机继电器驱动电路；CPU ⑱脚、IC6③脚和⑭脚、二极管 D18、继电器 RY4、电阻 R33、电容 C16 组成四通阀线圈继电器驱动电路。

压缩机和四通阀线圈的继电器驱动工作原理完全相同，以压缩机继电器为例。当 CPU 的⑪脚为高电平 5V 时，IC6 的①脚输入端也为高电平，内部电路翻转，对应⑯脚输出端为低电平约 0.8V，继电器 RY5 线圈得到约 11.2V 供电，产生电磁力使触点闭合，接通压缩机 L 端电压，压缩机开始工作；当 CPU 的⑪脚为低电平 0V 时，IC6 的①脚也为低电平 0V，内部电路不能翻转，其对应⑯脚输出端不能接地，RY5 线圈两端电压为 0V，触点断开，压缩机停止工作。

D18 为继电器线圈续流二极管，电阻 R33 和电容 C16 组成消火花电路，消除继电器 RY4 触点闭合或断开时瞬间产生的火花。

表 6-15　CPU 引脚电压与压缩机状态对应关系

CPU⑪脚	IC6①脚	IC6⑯脚	RY5 线圈电压	触点状态	负载
5V	5V	0.8	11.2V	闭合	压缩机工作
0V	0V	12V	0V	断开	压缩机停止

表 6-16　CPU 引脚电压与四通阀线圈状态对应关系

CPU⑱脚	IC6③脚	IC6⑭脚	RY4 线圈电压	触点状态	负载
5V	5V	0.8	11.2V	闭合	四通阀线圈工作
0V	0V	12V	0V	断开	四通阀线圈停止

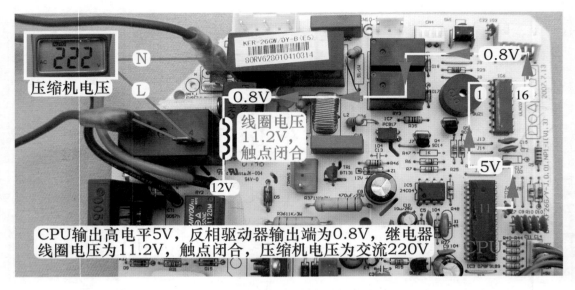

图 6-45 压缩机继电器触点闭合过程

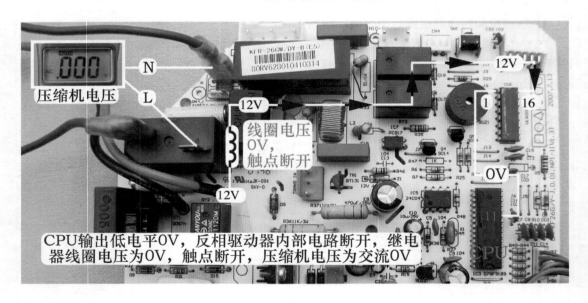

图 6-46 压缩机继电器触点断开过程

2. 室外风机继电器驱动电路工作原理

实物图见图 6-47，驱动电路以 NPN 型晶体管为核心，其作用和反相驱动器相同；由 CPU⑱脚、电阻 R25、晶体管 Q4、二极管 D17、继电器 RY3 组成。

当 CPU⑰脚为高电平 5V 时，经电阻 R25 降压后送至晶体管 Q4 的基极（B），电压约 0.8V，Q4 集电极（C）和发射极（E）深度导通，（C）极电压约 0.1V，继电器 RY3 线圈 下端接地，两端电压约直流 11.9V，产生电磁吸力使得触点闭合，接通 L 端电源，室外风机 开始工作；当 CPU⑰脚为低电平 0V 时，Q4（B）极电压为 0V，（C）极和（E）极截止，继电器线圈下端不能接地，即构不成回路，线圈电压为 0V，触点断开，室外风机停止工作。

表 6-17 CPU 引脚电压与室外风机状态对应关系

CPU⑰脚	Q4：B	Q4：C	RY3 线圈电压	触点状态	负载
5V	0.8V	0.1V	11.9V	闭合	室外风机工作
0V	0V	12V	0V	断开	室外风机停止

图 6-47 室外风机驱动电路实物图

3. 室外机接线端子上的接线规律

N 为公共端，由电源插头的 N 端直接供给室外机；室内机主板控制压缩机、室外风机、四通阀线圈的方法是：在电源插头的 L 端分三路支线由三个继电器单独控制，因此三个负载工作时相互独立。压缩机供电不通过 3.15A 的保险管，所以线圈短路或卡缸引起电流过大时不会烧坏保险管，一般表现为断路器跳闸；而室外风机或四通阀线圈发生短路故障时则会将保险管烧断。

十六、室外机电路

1. 连接引线

室外机电控系统的负载有压缩机、室外风机、四通阀线圈共 3 个，室外机电路将 3 个负载连接在一起。

室外机接线端子共有 4 个，分别为：1 号接压缩机公共端、2 号为公用零线 N、3 号接四通阀线圈、4 号接室外风机；其中 2 号公用零线 N 通过引线分别接压缩机线圈和室外风机线圈的公共端、四通阀线圈其中的 1 根引线，地线直接固定在室外机电控盒的铁皮上面。

2. 工作原理

电气接线图见图 6-48，实物图见图 6-49。

（1）制冷模式

室内机主板的压缩机和室外风机继电器触点闭合，从而接通 L 端供电，与电容共同作用使压缩机和室外风机起动运行，系统工作在制冷状态，此时 3 号四通阀线圈的引线无供电。

（2）制热模式

室内机主板的压缩机、室外风机、四通阀线圈继电器触点闭合，从而接通 L 端供电，为 1 号压缩机和 3 号四通阀线圈、4 号室外风机提供交流 220V 电源，压缩机、四通阀线圈、室外风机同时工作，系统工作在制热状态。

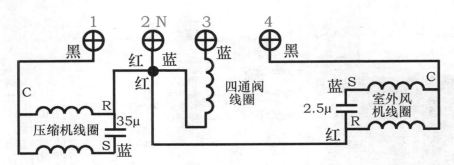

图 6-48　室外机电气接线图

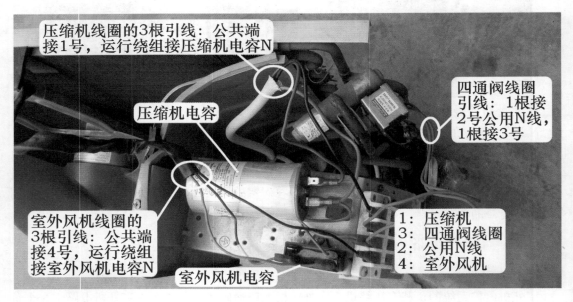

图 6-49　室外机负载实物图

第七章　安装和代换挂式空调器主板

第一节　主板判断方法

空调器在出现室外机不运行或室内风机不运行等电控故障时，测量主板没有输出相对应的控制电压，此时若对检修主板的方法或原理不是很熟悉，在实际检修中只要对外围元件（室内风机、环温和管温传感器、变压器、插座电源）判断准确，就可以直接更换主板。

一、按故障代码判断

见图7-1，主板通过指示灯或显示屏报出故障代码，根据代码内容判断主板故障部位，本方法适用于大多数机型。

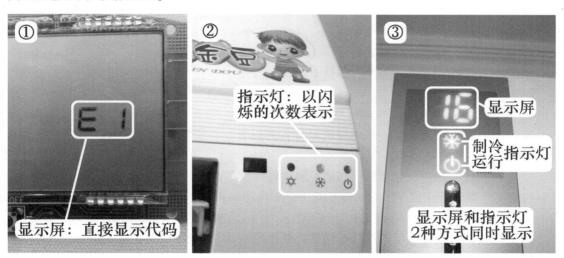

图7-1　故障代码显示方式

1. 环温或管温传感器故障

检查环温、管温传感器阻值正常，插座没有接触不良时可更换主板试机。

2. 瞬时停电

拔下电源插头等3min再重新通上电源试机，如果恢复正常则为电源供电插座接触不良，如果仍报故障代码可更换主板试机。

3. E^2PROM 故障

拔下电源插头等3min再重新通上电源试机，如果恢复正常则为主板误报代码，如果仍报原故障代码则直接更换 E^2PROM 或主板。

4. 霍尔反馈故障

关机但不拔下电源插头，使用万用表直流电压挡测量 PG 电机霍尔反馈端电压，如果正常且插座接触良好，可更换主板试机。

5. 蒸发器防冻结（制冷防结冰）**或蒸发器防过热**（制热防过载）

如室内风机运行正常，检查管温传感器阻值正常且插座接触良好，可更换主板试机。

6. 压缩机过电流或无电流

拔下电源插头等 3min 再重新通上电源试机，如果恢复正常则为主板误报代码；如果仍报原故障代码，检查压缩机电流在正常范围值以内，可直接更换主板。

7. 缺氟保护（系统能力不足保护）

如果制冷系统工作正常，检查管温传感器阻值正常且插座接触良好，可更换主板试机。

二、按故障现象判断

1. 上电无反应故障

检查插座交流 220V 供电电源、变压器、保险管等正常，且主板上直流 12V 和 5V 电压也正常，可更换主板试机。

2. 不接收遥控信号故障

检查遥控器和接收器正常，且接收器输出的电压已送到 CPU 相关引脚，在排除外界干扰后（如荧光灯、红外线等），可更换主板试机。

3. 制冷模式：室内风机不运行

用手拨动贯流风扇旋转正常，测量室内风机线圈阻值正常，但室内风机插座无交流电源，可更换主板试机。

4. 制热模式：室内风机不运行

调到"制冷模式"试机，室内风机运行，测量管温传感器阻值正常且手摸蒸发器表面温度较高，可更换主板试机。

5. 制冷模式：室内风机运行，压缩机和室外风机不运行

检查遥控器设置正确，室内机接线端子处未向压缩机与室外风机供电，测量环温与管温传感器阻值正常，可更换主板试机。

6. 制冷模式：运行一段时间停止向室外机供电

检查遥控器设置正确，PG 电机霍尔反馈正常，系统制冷正常，管温传感器阻值正常，可更换主板试机。

第二节　安装挂式空调器原装主板

主板的安装方法有 2 种：1 是根据空调器的接线图，上面标注有室内机主板插座代号所连接的外围元件；2 是根据外围元件插头的特点连接在主板插座上，这也是本节介绍的重点。比如主板弱电区域，2 个传感器插头插在主板 2 个 2 针的插座上，室内风机的霍尔反馈插头插在主板上 3 针的插座上，步进电机插头插在主板上 5 针的插座上，显示板组件插头插在 1 个多针的插座上。

本节以美的 KFR-26GW/DY-B（E5）挂式空调器室内机为基础，实际安装室内机主板。

一、根据室内机接线图安装方法

见图 7-2，接线图上标注外围元件的插头或引线插在主板插座的代号，根据这些代号可以完成更换主板的工作；接线图一般贴在室内机外壳内部，需要将外壳拆下后才能看到。

例如：根据接线图标识，摇摆电机（本书通称为步进电机）共有 5 根引线，插在主板上代号 CN7 的插座上，安装时找到步进电机插头，插在主板 CN7 插座上即可。

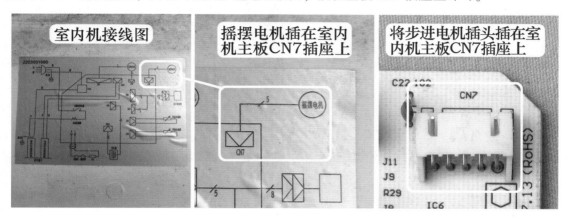

图 7-2　根据室内机接线图安装步进电机插头

二、根据插头特点安装步骤

1. 主板实物外观

图 7-3 左图为电控盒内主板上所有的插头，图 7-3 右图为室内机主板实物外形。电控盒内主要有电源输入引线、变压器插头、传感器插头等。

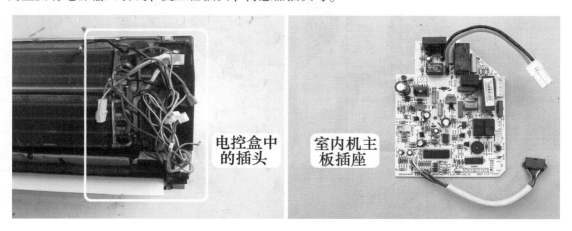

图 7-3　电控盒插头和主板插座

2. 安装电源供电输入引线

（1）接线端子标识

见图 7-4 左图，输入引线连接电源插头，共有 3 根引线：棕色为 L 端、蓝色为 N 端、黄/绿色为地线。

见图7-4右图，室内机主板强电区域压缩机继电器上方的端子中：电源L端与保险管相通、与保险管不相通的端子接压缩机引线。标有"N"的端子接电源N端引线。

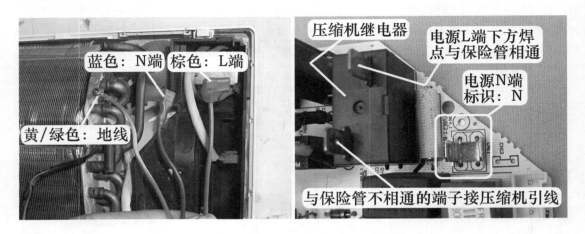

图7-4 电源引线和接线端子标识

（2）安装引线

见图7-5，将棕线（L端）安装在压缩机继电器上与保险管相通的端子，将蓝线（N端）安装在标有"N"的端子。

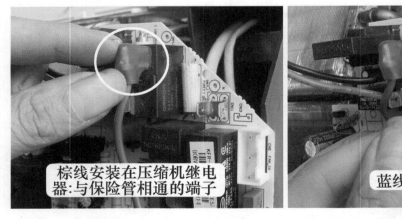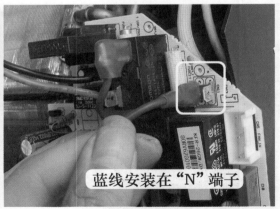

图7-5 安装电源供电输入引线

3. 安装室内外机连接线中压缩机引线和地线

（1）室内外机连接线

见图7-6左图，使用1束5根的连接线：白色为压缩机、黑色为N端、插头的2根引线为室外风机和四通阀线圈、黄/绿色为地线。

见图7-6右图，将室内外机连接线中的黄/绿色地线安装在蒸发器的地线固定位置，和电源输入进线的"地线"相连。

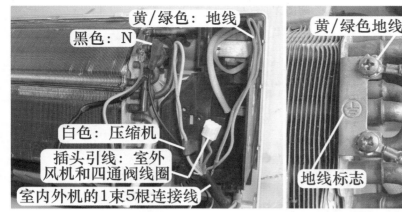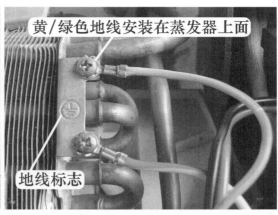

图 7-6　室内外机连接线和地线标识

（2）安装压缩机引线和 N 线

见图 7-7，首先将白线（压缩机）穿入电流互感器的中间孔，再将插头安装在压缩机继电器端子上；将黑线（N）安装在标有"N"的端子，和电源进线"N"直接相连。

说明：由于室外风机和四通阀线圈插头的引线在室内机部分较短，只有在主板安装到电控盒卡槽后，才能安装连接线的插头。

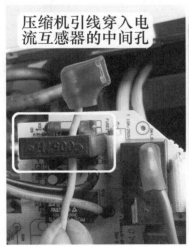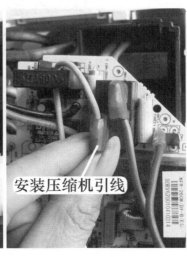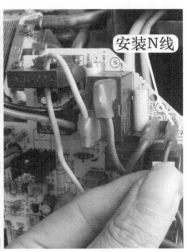

图 7-7　安装压缩机引线和 N 线

4. 安装环温和管温传感器插头

（1）插座标识

见图 7-8，室内机共设有环温和管温传感器 2 个元件，使用独立的插头。室内机主板弱电区域环温传感器标识为 room，管温传感器标识为 pipe。

（2）安装插头

见图 7-9，将环温传感器插头安装在标有"room"的插座上，将管温传感器插头安装在标有"pipe"的插座上。2个传感器插头不一样，插反时插不进去。

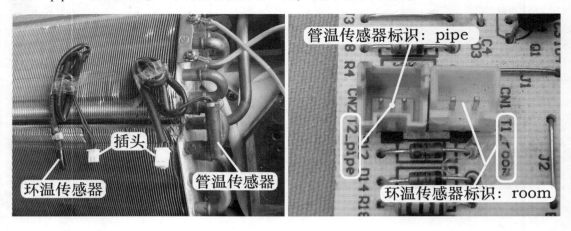

图7-8　传感器和插座标识

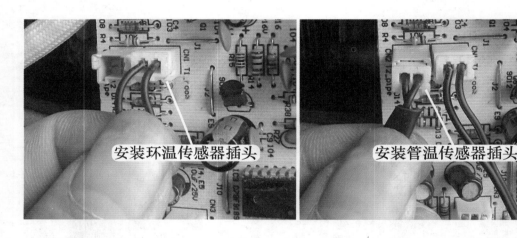

图7-9　安装传感器插头

5. 安装变压器插头

（1）插座标识

见图7-10，变压器共有2个插头，大插头为一次绕组，小插头为二次绕组。室内机主板上一次绕组插座标有"TRANS-IN"，位于强电区域；二次绕组插座标有"TRANS"，位于弱电区域。

（2）安装插头

见图7-11，将变压器二次绕组插头插在标有"TRANS"的插座，将一次绕组插头插在标有"TRANS-IN"的插座。

6. 安装室外风机和四通阀线圈引线插头

见图7-12，将室内机主板安装在电控盒的卡槽内，再找到室外风机和四通阀线圈引线插头，插在位于强电区域的插座上。

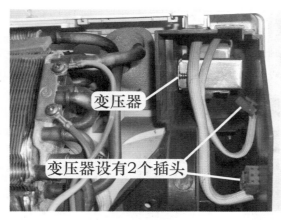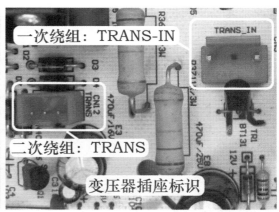

图 7-10　变压器和插座标识

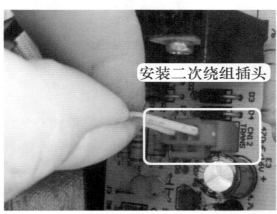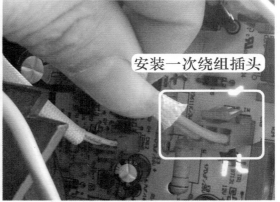

图 7-11　安装变压器插头

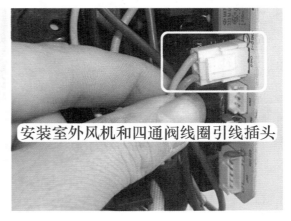

图 7-12　安装主板和引线插头

7. 安装室内风机（PG 电机）插头

（1）插座标识

见图 7-13，室内风机共有 2 个插头，从电控盒底部引出，大插头为线圈供电，小插头为霍尔反馈。室内机主板线圈供电插座上标有"FAN-IN"。

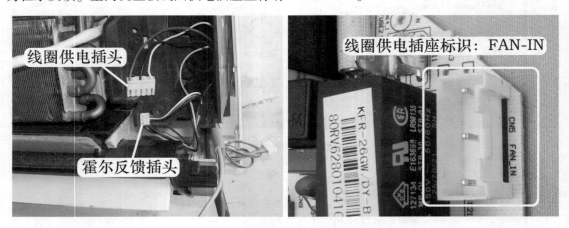

图 7-13　室内风机插头和插座标识

（2）安装插头

见图 7-14，将线圈供电插头插在强电区域标有"FAN-IN"的插座上，将霍尔反馈插头插在位于弱电区域的插座上。

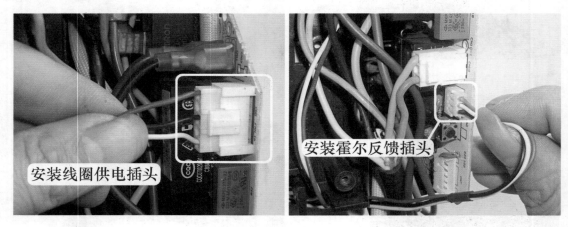

图 7-14　安装室内风机插头

8. 安装步进电机插头

见图 7-15，步进电机位于接水盘上，只有 1 个插头，共有 5 根引线，在室内机主板弱电区域只有 1 个 5 针的插座就是步进电机插座，将插头安装在插座上。

9. 安装辅助电加热插头

见图 7-16，辅助电加热安装在蒸发器的下部，因此引线从蒸发器下部引出，使用对接插头，引线焊在室内机主板强电区域，将对接插头安装到位。

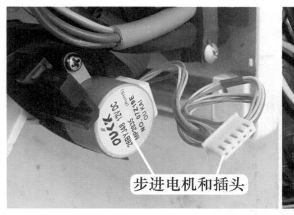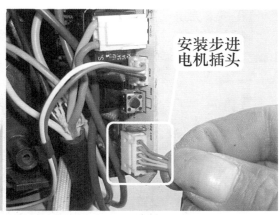

步进电机和插头

安装步进电机插头

图 7-15　安装步进电机插头

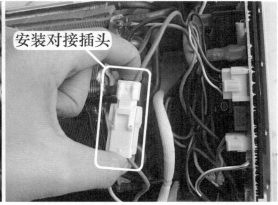

引线从蒸发器下部伸出

安装对接插头

图 7-16　安装辅助电加热插头

10. 安装显示板组件插头

见图 7-17，此机显示板组件安装在室内机外壳中部，引线使用对接插头，在室内机主板弱电区域引出 1 束引线组成的插头即为显示板组件插头，将对接插头安装到位。

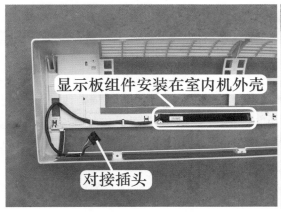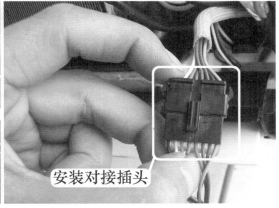

显示板组件安装在室内机外壳

对接插头

安装对接插头

图 7-17　安装显示板组件插头

11. 安装完毕

到此，室内机主板上所有的插座和接线端子，对应的引线全部安装完毕，见图7-18，电控盒内没有多余的引线，室内机主板没有多余的接线端子或插座。

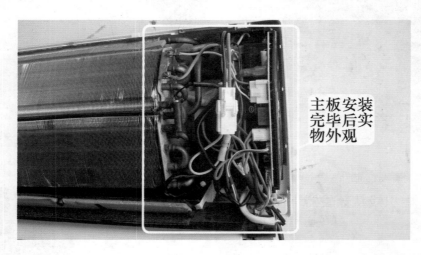

主板安装完毕后实物外观

图 7-18　安装完毕

第三节　代换挂式空调器通用板

目前挂式空调器室内风机绝大部分使用 PG 电机，工作电压为交流 90～180V，如果主板损坏且配不到原装主板或修复不好，这时需要代换主板，常见用 2 种方法：1 是选用其他品牌空调器厂家使用 PG 电机的主板（或原品牌其他型号的主板），2 是使用通用板。

目前挂式空调器的通用板按室内风机驱动方式分为 2 种：1 种是使用继电器，对应安装在早期室内风机使用抽头电机的空调器；另 1 种是使用光耦合器 + 可控硅，对应安装在目前室内风机使用 PG 电机的空调器。

本节着重介绍使用光耦合器 + 可控硅的通用板代换方法，示例机型选用海尔 KFR-32GW/Z2 挂式空调器，是目前最常见电控系统设计型式。

一、通用板设计特点

1. 实物外形

图 7-19 左图为某品牌的通用板套件，由通用板、变压器、遥控器、接线插座等组成，设有环温和管温 2 个传感器，显示板组件设有接收器、应急开关按键、指示灯。从 7-19 右图可以看出，室内风机驱动电路主要由光耦合器和可控硅组成。通用板特点如下。

① 外观小巧，基本上都能装在代换空调器的电控盒内。

② 室内风机驱动电路由光耦合器 + 可控硅组成，和原机相同。

③ 自带遥控器、变压器、接线插，方便代换。

④ 自带环温和管温传感器且直接焊在通用板上面，无需担心插头插反。

⑤ 步进电机插座为 6 根引针，两端均为直流 12V。

⑥ 通用板上使用汉字标明接线端子作用，使代换过程更为简单。

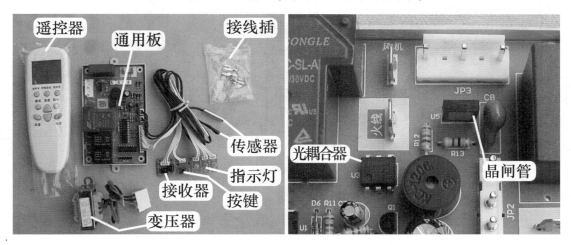

图 7-19　挂式空调器通用板

2. 接线端子功能

通用板的主要接线端子：见图 7-20，电源相线 L 输入、电源零线 N 输入、变压器、室内风机、压缩机、四通阀线圈、室外风机、步进电机。另外显示板组件和传感器的引线均直接焊在通用板上，自带的室内风机电容容量为 1μF。

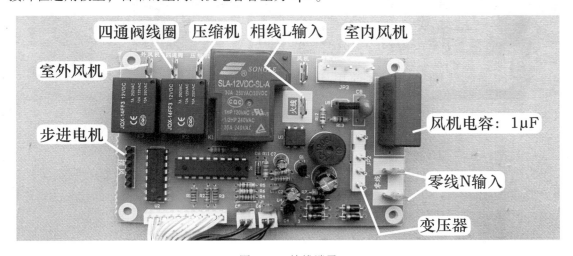

图 7-20　接线端子

二、代换步骤

1. 拆除原机电控系统

见图 7-21，拆除原机主板、变压器、接线端子引线，保留显示板组件。

图7-21　拆除原机主板

2. 安装电源供电输入引线

见图7-22，原主板与接线端子上的零线 N 输入引线、室外风机和四通阀线圈输出引线，使用1个插头连接，而通用板使用接线端子连接，因此应将引线的插头改为接线插。

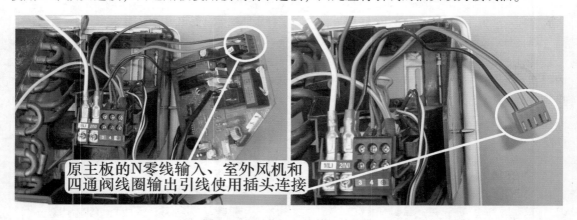

图7-22　原主板 N 线使用接线插

（1）制作接线插

常用有2种方法：使用钳子夹紧和使用烙铁焊接。使用钳子夹紧制作的接线插方法简单，但容易接触不良，且有时会很轻松地将引线拉出来；使用烙铁焊接制作的接线插则比较牢固，但操作起来比较复杂。

① 使用钳子夹紧

见图7-23，首先将引线穿入塑料护套，并将引线绝缘层剥开适当的长度，放在接线插里面，再使用钳子夹紧接线插，再装好塑料护套。

② 使用烙铁焊接

见图7-24，将引线穿入塑料护套，并将引线绝缘层剥开适当的长度，使用烙铁镀上焊锡；再将接线插上部也镀上焊锡，再使用烙铁将引线焊在接线插上面，最后装好塑料护套。

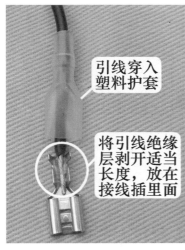

图 7-23　使用钳子夹紧制作接线插

图 7-24　使用烙铁焊接制作接线插

（2）安装引线

见图 7-25，将电源 L 输入引线插头插在通用板标有"相线"的端子，将电源 N 输入引线插头插在标有"零线"的端子。

3. 安装变压器插头

（1）变压器实物外形

见图 7-26，通用板配备的变压器只有 1 个插头，即将一次绕组和二次绕组的引线固定在 1 个插头上面，为防止安装错误，在插头和通用板均设有空挡标识，如安装错误则安装不进去。

（2）安装插头

见图 7-27，将配备的变压器固定在原变压器位置，并拧紧固定螺钉，再将插头插在通用板的变压器插座。

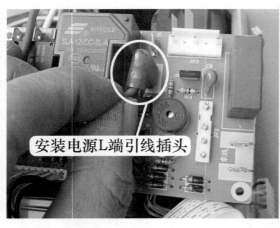
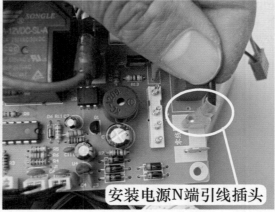

安装电源L端引线插头

安装电源N端引线插头

图 7-25　安装电源供电输入引线

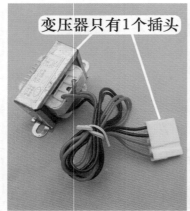

变压器只有1个插头

插头空档标识

通用板空档标识

图 7-26　变压器和插头标识

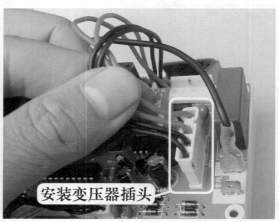

将变压器固定在原位置

安装变压器插头

图 7-27　安装变压器插头

4. 安装室内风机（PG 电机）插头

（1）线圈供电插头引线与插座引针功能不对应

见图 7-28 左图，PG 电机线圈供电插头的引线顺序从左到右：1 号红色为运行绕组 R、2 号白色为起动绕组 S、3 号黑色为公共端 C；而通用板室内风机插座的引针顺序从左到右：1 号为公共端 C、2 号为运行绕组 R、3 号为起动绕组 S。从对比可以发现，PG 电机线圈供电插头的引线和通用板室内风机插座的引针功能不对应，应调整 PG 电机线圈供电插头的引线顺序。

引线取出方法：见图 7-28 右图，使用万用表表笔尖向下按压引线挡针，同时向外拉引线即可取下。

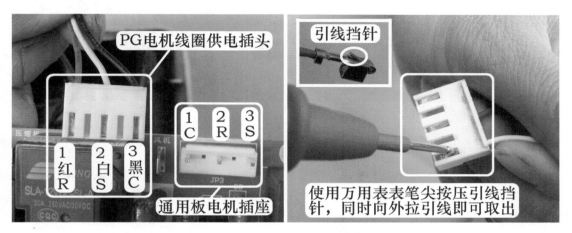

图 7-28　室内风机插头引线与主板引针功能不对应

（2）调整引线顺序并安装插头

见图 7-29，将引线拉出后，再将引线按通用板插座的引针功能对应安装，使调整后的插头引线和插座的引针功能相对应，再将插头安装至通用板插座。

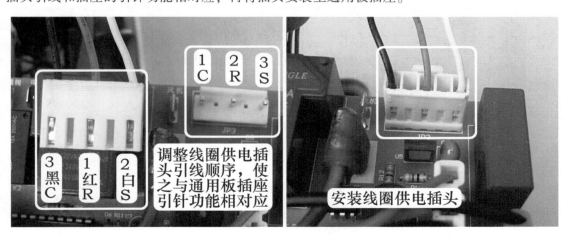

图 7-29　调换引线顺序后安装插头

（3）更换室内风机电容

见图 7-30，查看通用板风机电容容量为 1μF，而原机主板风机电容容量为 1.2μF，为防止更换成通用板后室内风机转速下降，将原机主板的风机电容换至通用板。

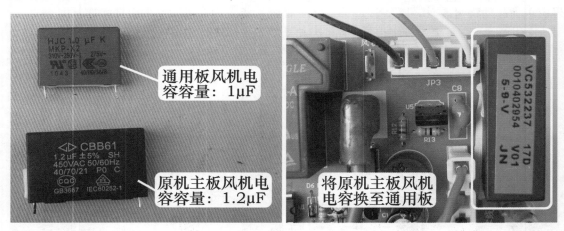

图 7-30　更换室内风机电容

（4）霍尔反馈插头

见图 7-31，室内风机还有 1 个霍尔反馈插头，作用是输出代表转速的霍尔信号，但通用板未设霍尔反馈插座，因此将霍尔反馈插头舍弃不用。

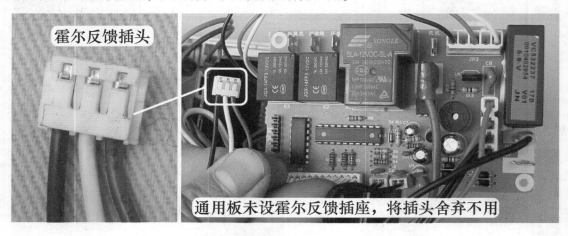

图 7-31　霍尔反馈插头不再安装

5. 安装步进电机插头

（1）步进电机插头

见图 7-32 左图，步进电机插头共有 5 根引线：1 号红色为公共端，2 号橙色、3 号黄色、4 号蓝色、5 号灰色共 4 根引线为驱动。

见图 7-32 右图，通用板步进电机插座设有 6 个引针，其中左右 2 侧的引针相连均为直流 12V，中间的 4 个引针为驱动。由于本机步进电机使用小插头，不能直接安装至通用板的插座。

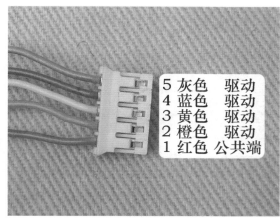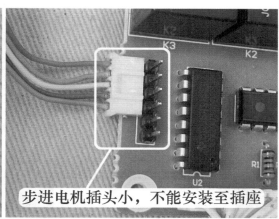

图 7-32　步进电机插头

（2）焊接引线

见图 7-33，剪掉步进电机插头，使用烙铁将引线按顺序直接焊在插座的引针上面，将通用板通上电源，导风板应当自动复位即处于关闭状态。

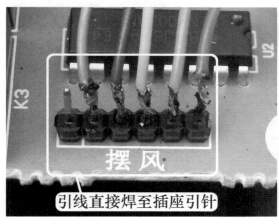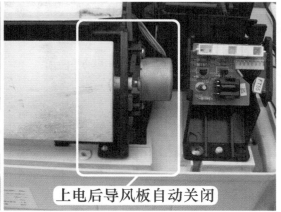

图 7-33　焊接引线

（3）反方向运行调整方法

见图 7-34，将引线焊在插座上，驱动顺序为 5-4-3-2，假如上电试机导风板复位时为自动打开，而开机后为自动关闭，说明步进电机为反方向运行，应当调整 4 根驱动引线的首尾顺序：1 号公共端不动，将 4 根引线的驱动顺序改为 2-3-4-5，再次上电导风板复位时就会自动关闭，开机后为自动打开。

（4）使用大插头的步进电机反方向运行调整方法

大部分品牌空调器的步进电机使用大插头，可以直接插至通用板的插座，代换过程中就不再使用烙铁焊接引线，安装时要注意将公共端引线对应安装在直流 12V 引针。

见图 7-35，安装插头时公共端引线对应接右侧 12V 引针，假如上电时导风板复位为自动打开；调换插头，使公共端引线对应接左侧 12V 引针，那么再次上电试机导风板复位时为自动关闭。

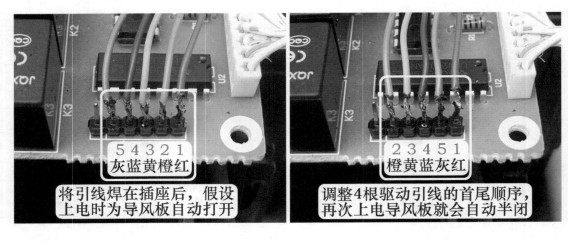

图 7-34　导风板运行方向调整方法

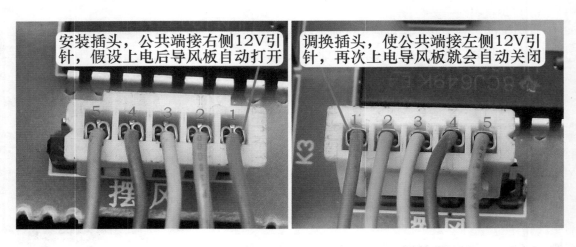

图 7-35　导风板运行方向调整方法

6. 焊接显示板组件引线

常用有 2 种方法：1 是使用通用板所配备的接收板、应急开关、指示灯，将其放到合适的位置即可；2 是使用原机配备的显示板组件，方法是将通用板配备显示板组件的引线剪下，按作用焊在原机配备的显示板组件上。

两种方法各有优点，第 1 种方法比较简单，但由于需要对接收器重新开孔影响美观（或指示灯无法安装而不能查看），第 2 种方法比较复杂，但对空调器整机美观没有影响，且指示灯也能正常显示。本节着重介绍第 2 种方法。

（1）实物外观

见图 7-36，原机显示板组件为一体化设计，装有接收器和 3 个指示灯。通用板配备的显示板组件为组合式设计，装有接收器、应急开关按键、3 个指示灯，每个器件组成的小板均可以掰断单独安装。

如使用第 1 个方法安装接收器，将小板掰断后，再将接收器对应固定在室内机的接收窗位置；安装指示灯时，将小板掰断，安装在室内机指示灯显示孔的对应位置，由于无法固定或只能简单固定，在安装室内机外壳时接收器或指示灯小板可能会移动，造成试机时接收器接收不到遥控器的信号，或看不清指示灯显示的状态。

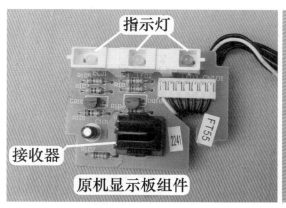
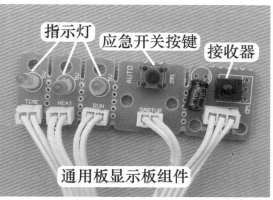

图 7-36　原机和通用板的显示板组件

（2）焊接接收器引线

见图 7-37，掰断接收器的小板，剪断 3 根连接线，并分辨出引线的功能，再将引线按功能焊在接收器的引脚。本例接收器电源引脚通过 100Ω 限流电阻接直流 5V，实际操作时将电源线焊在原机显示板组件的 5V 焊点，输出线和地线焊在与接收器相通的焊点上面。

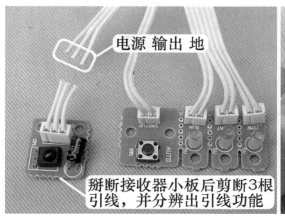
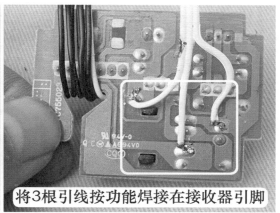

图 7-37　焊接接收器引线

（3）焊接指示灯引线

原机显示板组件的 3 个指示灯为：电源、定时、运行，其中电源指示灯为双色指示灯，共有 3 个引脚；通用板配备显示板组件的 3 个指示灯为：制热、定时、运行，由于原机的电源双色指示灯通用板无法驱动，而通用板的制热指示灯不经常使用，因此更改时只利用原机的定时和运行指示灯。

见图 7-38，通用板的指示灯负极接地并连在一起、正极接 CPU 驱动，原机显示板组件的指示灯正极接5V并连在一起、负极接CPU驱动，可见原机显示板组件的指示灯驱动方式和通用板不符，因此划断指示灯正极的铜箔走线，使2个指示灯各自独立。找到通用板的定时和运行指示灯引线，分辨出功能后剪断引线。

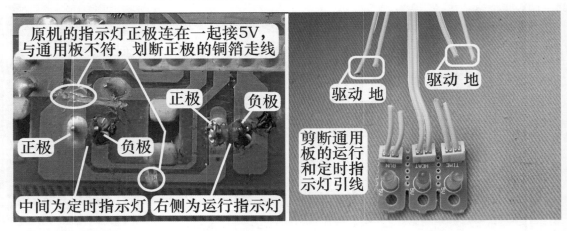

图 7-38　划断原机铜箔走线和剪断指示灯引线

　　见图7-39，将引线对应焊在原机显示板组件定时和运行指示灯的引脚：驱动接正极、地接负极，这样显示板组件就更改完成了，原机显示板组件的插头不再使用，通用板配备的接收器和指示灯也不再使用。

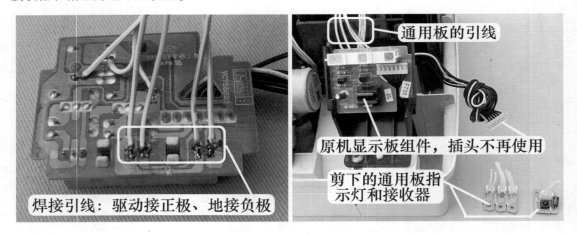

图 7-39　焊接指示灯引线

　　（4）应急开关按键
　　由于原机的应急开关按键设计在主板上面，通用板配备的应急开关按键也无法安装，且考虑到此功能一般很少使用，因此将应急开关按键的小板直接放至室内机电控盒的空闲位置。
　　7. 安装室外机负载引线
　　见图7-40左图，原机的室外风机和四通阀线圈引线使用同1个插头连接，因此换成单独的接线插。

　　见图 7-40 右图，将接线端子的 1 号引线（压缩机）插在通用板标有"压缩机"的端子。

图 7-40　安装压缩机引线插头

　　见图 7-41，将接线端子的 3 号引线（四通阀线圈）插头插在通用板标有"四通阀"的端子，将 4 号引线（室外风机）插头插在标有"外风机"的端子。

图 7-41　安装四通阀线圈和室外风机引线插头

　　8. 安装环温和管温传感器探头

　　配备的环温和管温传感器引线直接焊在通用板上面，因此不用安装插头，只需要安装探头。

　　见图 7-42，原机的环温传感器探头安装在显示板组件附近，将配备的环温传感器探头也安装在原位置，管温传感器探头插在位于蒸发器的检测孔内。

　　9. 代换完成

　　见图 7-43，至此，通用板所有引线均更改完成。

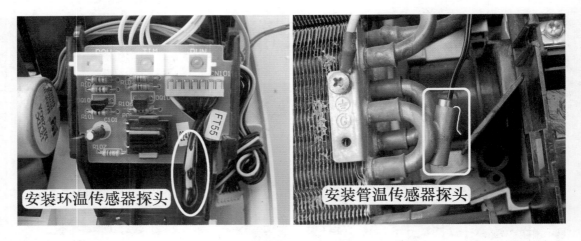

图 7-42 安装环温和管温传感器探头

图 7-43 通用板代换完成

第八章　柜式空调器电控系统

第一节　单相供电柜式空调器电控系统

本节以美的 KFR-51LW/DY-GA（E5）柜式空调器电控系统为基础，对柜式空调器的电控系统做简单介绍。

一、电控系统组成

电控系统主要由室内机主板、显示板、传感器、变压器、室内风机、同步电机等主要元件组成。

1. 电控盒主要部件

见图 8-1，此机电控盒位于离心风扇上方，设有室内机主板、变压器、室内风机电容、压缩机继电器、辅助电加热继电器（2 个）、室内外机接线端子等。

说明：压缩机继电器和辅助电加热继电器设计位置根据机型不同而不同，比如有些品牌空调器则安装在室内机主板上面。

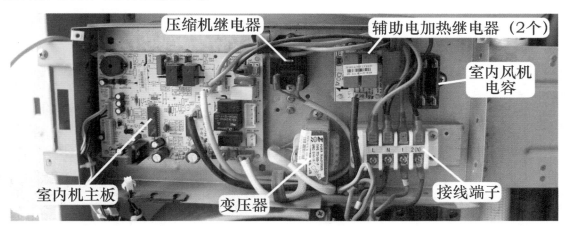

图 8-1　电控盒主要部件

2. 室内机主板主要元件和插座

见图 8-2。

主要元件：CPU、晶振、反相驱动器、7805、整流二极管、滤波电容、蜂鸣器、5A 保险管、压敏电阻、PTC 电阻、室外风机继电器、四通阀线圈继电器、同步电机继电器、室内风机高风和低风继电器。

插座：变压器一次绕组插座、变压器二次绕组插座、显示板插座、室内环温和管温传感器插座、室外管温传感器插座、压缩机继电器线圈插座、辅助电加热继电器线圈插座、室外风机接线端子、四通阀线圈接线端子、交流电源 L 输入接线端子、交流电源 N 输入接线端子、室内风机插座、同步电机插座。

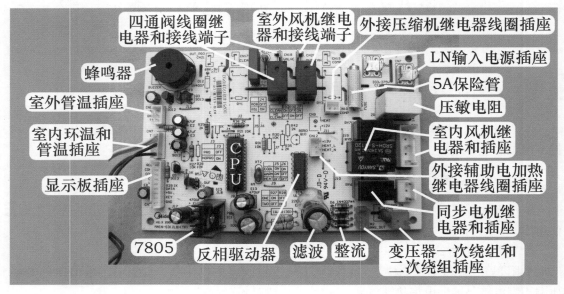

图 8-2　室内机主板主要元件和插座

3. 显示板主要元件和插座

见图 8-3。

主要元件：接收器、显示屏、按键、显示屏驱动芯片。

插座：只有 1 个，连接至室内机主板。

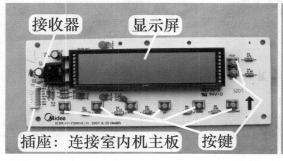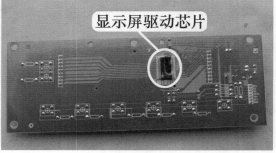

图 8-3　显示板主要元件和插座

二、室内机主板框图

柜式空调器室内机主板和挂式空调器主板一样，均由单元电路组成，图 8-4 为室内机主板电路框图。

① 电源电路和 CPU 三要素电路。

② 输入部分单元电路：传感器电路（室内环温、室内管温、室外管温）、按键电路、接收器电路。

③ 输出部分单元电路：显示电路、蜂鸣器电路、继电器电路（室内风机、同步电机、辅助电加热、压缩机、室外风机、四通阀线圈）。

说明：单元电路根据空调器电控系统设计不同而不同，如部分柜式空调器室内机主板输入部分还设有电流检测电路、存储器电路等。

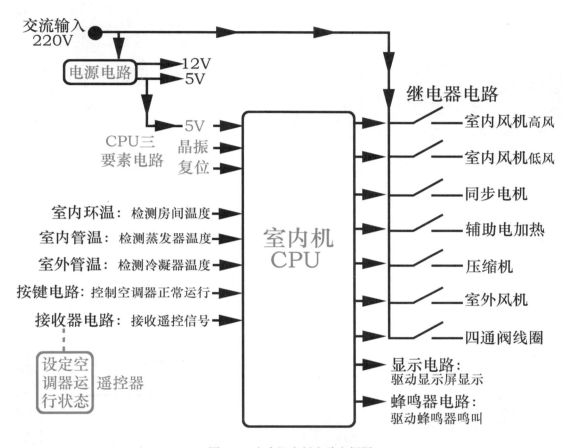

图 8-4　室内机主板电路方框图

三、柜式空调器和挂式空调器单元电路对比

虽然柜式空调器和挂式空调器的室内机主板单元电路基本相同，由电源电路、CPU 三要素电路、输入部分电路、输出部分电路组成，但根据空调器设计型式的特点，部分单元电路还有一些不同之处。

1. 按键电路

见图 8-5，挂式空调器室内机由于安装时挂在墙壁上，离地面较高，因此主要使用遥控器控制，按键电路通常只设 1 个应急开关；柜式空调器室内机就安装在地面上，可以直接触摸得到，因此使用遥控器和按键双重控制，电路设有 6 个或以上按键，通常只使用按键即能对空调器进行全面的控制。

2. 显示方式

见图 8-5，早期挂式空调器通常使用指示灯，柜式空调器通常使用显示屏，而目前的空调器（挂式和柜式）则通常使用显示屏或显示屏＋指示灯的型式。

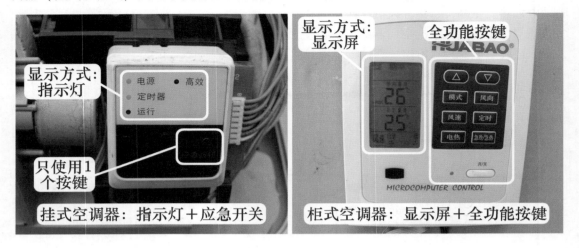

图 8-5　显示方式对比

3. 室内风机

挂式空调器室内风机普遍使用 PG 电机，见图 4-75，转速由可控硅通过改变交流电压有效值来改变，因此设有过零检测电路、PG 电机驱动电路、霍尔反馈电路共 3 个单元电路。

柜式空调器室内风机普遍使用抽头电机，见图 8-6，转速由继电器通过改变电机抽头的供电来改变，因此只设有继电器电路 1 个单元电路，取消了过零检测和霍尔反馈 2 个单元电路。

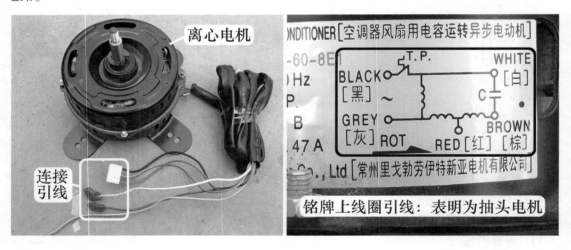

图 8-6　柜式空调器室内风机为抽头电机

4. 风向调节

见图 8-7 左图，挂式空调器通常使用步进电机控制导风板的上下转动，左右导风板只能手动调节，步进电机为直流 12V 供电，由反相驱动器驱动。

而柜式空调器则正好相反，见图 8-7 右图，使用同步电机控制导风板的左右转动，上下导风板只能手动调节，同步电机为交流 220V 供电，由继电器驱动。

图 8-7　风向调节对比

5. 辅助电加热

挂式空调器辅助电加热功率小，为 400～800W；而柜式空调器使用的辅助电加热通常功率比较大，为 1200～2500W。

第二节　格力空调器"高压保护"故障

当 CPU 连续 3s 检测到高压保护（大于 3MPa）时，关闭除灯箱外的所有负载，屏蔽所有按键及遥控信号，指示灯闪烁并显示 E1。如果显示板组件只使用指示灯，表现为运行指示灯灭 3s/闪 1 次。

一、工作原理

格力 KFR-120LW/E（1253L）V-SN5 柜式空调器高压保护电路原理图见图 8-8，实物图见图 8-9，电压与整机状态的对应关系见表 8-1。高压保护电路由室外机电流检测板、高压压力开关、室内外机连接线、室内机主板、显示板组成。

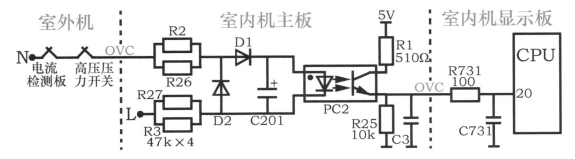

图 8-8　高压保护电路原理图

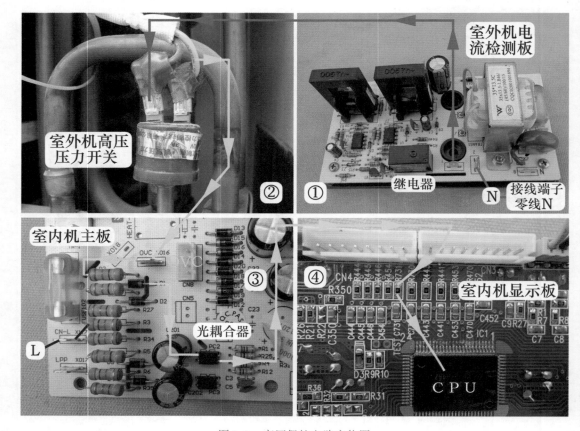

图 8-9　高压保护电路实物图

表 8-1　高压保护电路电压与整机状态的对应关系

电流检测板继电器触点状态	高压压力开关触点状态	室内机主板OVC与L端电压	光耦合器PC2初级电压	光耦合器PC2次级状态	主板插座OVC引针与CPU引脚电压	整机状态
闭合	闭合	AC 220V	DC 1.1V	导通	DC 4.6V	正常
闭合	断开	AC 0V	DC 0.8V	断开	DC 0V	E1
断开	断开	AC 0V	DC 0.8V	断开	DC 0V	E1

空调器上电后，室外机电流检测板上继电器触点闭合，高压压力开关的触点也处于闭合状态。室外机接线端子上 N 端引线（蓝色）经继电器触点至高压压力开关，输出引线（黄色）经室内外机连接线中的黄线送至室内机主板上 OVC 端子（黄色），此时为零线 N，与主板 L 端（接线端子上 L1）形成交流 220V，经电阻 R2、R26、R27、R3 降压、二极管 D1 整流、电容 C201 滤波，在光耦合器 PC2 初级形成约直流 1.1V 电压，PC2 内部发光二极管发光，次级光敏晶体管导通，5V 电压经电阻 R1、PC2 二次送到主板 CN6 插座中 OVC 引针，为高电平约直流 4.6V，经室内机主板和显示板的连接线送至显示板，经电阻 R731 送到 CPU 的 20 脚，CPU 根据高电平 4.6V 判断高压保护电路正常，处于待机状态。

待机或开机状态下由于某种原因（如高压压力开关触点断开），即 N 端零线开路，室内机主板 OVC 端子与 L 端不能形成交流 220V 电压，光耦合器 PC2 初级电压约直流 0.8V，

PC2 发光二极管不能发光，次级断开，5V 电压经电阻 R1 断路，室内机主板 CN6 插座中 OVC 引针经电阻 R25 接地为低电平 0V，经连接线送至 CPU20 脚，CPU 根据低电平 0V 判断高压保护电压出现故障，3S 后立即关闭所有负载，报出 E1 的故障代码，指示灯持续闪烁。

说明：

① 由于交流电源无正负极之分，因此光耦合器初级发光二极管负极无论是通过电阻接相线 L 或零线 N，只要 OVC 端子与 L 端电压为交流 220V，初级电压均为直流 1.1V，次级光敏晶体管均能导通。

② CPU 连续 3s 检测高压保护电路断开时，立即停机进入保护状态，显示 E1 并屏蔽按键和遥控信号，且故障不再自动恢复。即高压保护电路断开时，按压按键和遥控器均无反应，相当于死机一样。

③ 如果高压保护电路恢复正常，解除屏蔽按键和遥控信号，此时按压"开/关"键可关机，再按压 1 次可开机。注意：按压 2 次按键应间隔一段时间（约 5s），如果间隔时间过短，开机后依旧显示 E1 代码。

④ 空调器正在运行时如高压保护电路断开，立即停机显示 E1 代码。

⑤ 空调器上电时高压保护电路即处于断开状态，此时有 2 种故障现象。1 为空调器上电后立即按压"开/关"键，显示屏显示正常运行图案后显示 E1 代码。2 为上电后 5s 以内未按压"开/关"键，CPU 检测后进入保护状态，并不显示 E1 代码，同时由于屏蔽按键和遥控信号，则表现为类似于"上电无反应或空调器无供电"的假性故障现象，区别是高压保护电路断开时，空调器上电后蜂鸣器响一声且故障指示灯持续闪烁。

⑥ 5P 柜式空调器使用涡旋式压缩机，为三相交流 380V 供电，所以室外机设有电流检测板。3P 空调器（柜式和挂式）由于使用旋转式或涡旋式压缩机，通常为单相交流 220V 供电，电流检测电路设在室内机主板，室外机高压保护电路中只有高压压力开关，未设电流检测板。

⑦ 目前的 3P 部分型号空调器已取消了高压保护电路。早期的 3P 空调器通常设有高压保护电路。目前和早期的 5P 柜式空调器均设有高压保护电路。

二、室外机电流检测板和高压压力开关

1. 室外机电流检测板

压缩机线圈共有 3 根引线，室外机电流检测板检测其中的 2 根引线电流。当检测电流过大时，控制继电器触点断开，高压保护电路随之断开，室内机显示板 CPU 检测后控制停机并显示 E1 代码，从而保护压缩机。电流检测板实物外形见图 8-10。

① 主要由变压器、整流滤波电路、7812 稳压块、2 个电流互感器、2 个 LM358 运算放大器、驱动晶体管、继电器等组成。

② 共有 4 个接线端子。其中 L 与 N 为供电，为电路板提供交流 220V 电源，相当于输入侧；1 和 2 为继电器触点，串接在高压保护电路中，相当于输出侧。

③ 供电：设有变压器（二次侧输出交流 13V）、桥式整流电路、滤波电容、7812 稳压块等元件，为电路板提供稳定的直流 12V 电压。

④ 电路板设有 2 个电流互感器和 2 个 LM358 运算放大器，组成 2 路相同的电流检测电路，2 路电路并联，共同驱动 1 个晶体管。待机状态或运行状态电流处于正常范围内时，晶

体管导通，继电器线圈得到直流 12V 供电，继电器触点处于闭合状态；当 2 路中任意 1 路电流超过额定值，均可控制晶体管截至，继电器线圈电压为直流 0V，触点断开，高压保护电路断开，CPU 检测后停机并显示 E1 代码。

⑤ 检测 1 相和 2 相压缩机电流的主板对比：室内机主板只设 1 路电流检测电路，如果压缩机在运行时，三相电流均衡，使用 1 路或 2 路、或 3 路电流检测电路的作用相同，主板 CPU 检测后均能正常控制空调器；但如果因三相供电断相而相序保护器未能检测，为压缩机供电后，断相时未供电的 1 根压缩机电流为交流 0A，假如 1 路电流检测电路刚好检测此电流，则 CPU 不能正确判断压缩机工作状态，容易引起压缩机损坏。

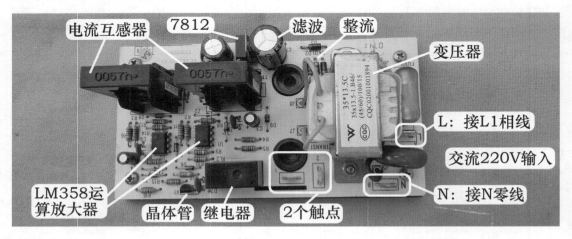

图 8-10　电流检测板

2. 高压压力开关

实物外形见图 8-11，压力开关（压力控制器）是将压力转换为触点通或断的器件，高压压力开关作用是检测压缩机排气管的压力。5P 柜式空调器室外机使用型号为 YK-3.0MPa 压力开关，主要参数如下。

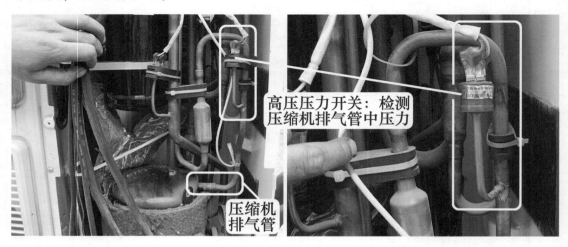

图 8-11　高压压力开关

① 动作压力为 3.0MPa、恢复压力为 2.4MPa。即压缩机排气管压力高于 3.0MPa 时压力开关的触点断开、低于 2.4MPa 时压力开关的触点闭合。

② 压力开关触点最高工作电压为交流 250V、最大电流为 3A。

三、区分室内机或室外机故障

由于高压保护电路由室外机电控、室内机电控、室内外机加长连接线组成，任何一部分出现问题，均可出现 E1 保护，因此在维修时应首先区分是室内机还是室外机故障，以缩小故障部位，直至检查出故障根源。

方法 1：上电测量 OVC 和 L 端子交流电压

见图 8-12，使用万用表交流电压挡，一表笔接室内机主板上电源相线 L 端（或接室内机接线端子上 L1 端子），一表笔接室内机主板上高压保护黄线 OVC 端子。

正常电压为交流 220V，说明室外机电流检测板主控继电器触点闭合、高压压力开关触点闭合，且室内外机连接线接触良好，故障在室内机，见本节"四、区分室内机主板或显示板故障"。

故障电压为交流 0V，说明室外机 N 线未传送至室内机主板，故障在室外机或室内外机的连接线。

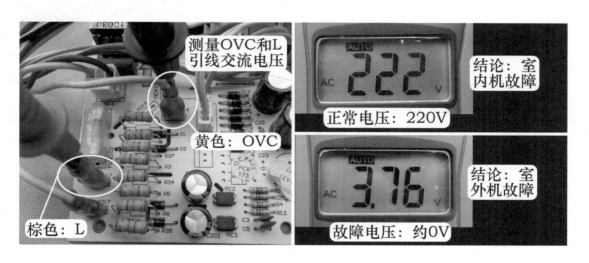

图 8-12 测量 OVC 黄线与 L 端子电压

方法 2：使用引线短接 OVC 和 N 端子

见图 8-13，拔下室内机主板上 OVC 端子上的黄线，自备 1 根引线，同时两端接上插头。

见图 8-14，引线一端直接插在室内机主板上和 N 相通的端子（或插在室内机接线端子上 N 端子），另一端插在主板 OVC 端子，短接高压保护电路的室外机电控部分，以区分出是室内机还是室外机故障。

再次上电,如空调器正常开机,说明室内机主板和显示板正常,故障在室外机;如空调器故障依旧,仍显示"E1"故障代码或上电无反应,故障在室内机。

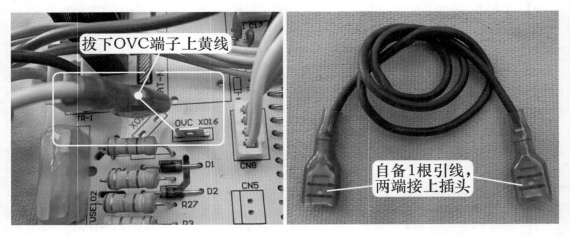

图 8-13　拔下 OVC 端子黄线

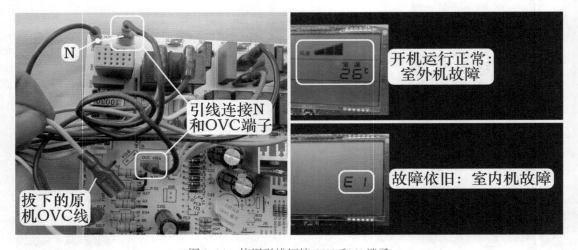

图 8-14　使用引线短接 OVC 和 N 端子

方法 3:断电测量 OVC 引线与 N 端阻值

断开空调器电源,使用万用表电阻挡,测量对接插头中 OVC 黄线与室内机接线端子上 N 端阻值。

见图 8-15 左图,三相 5P 空调器室外机设有电流检测板,其继电器触点在未上电时为断开状态,正常阻值为无穷大。

见图 8-15 右图,单相 3P 空调器室外机高压保护电路中只有高压压力开关,正常阻值为 0Ω。

也就是说,测量 5P 空调器如实测阻值为无穷大时,不能直接判断室外机高压保护电路损坏,应辅助其他测量方法再确定故障部位;而测量 3P 空调器阻值为无穷大时,可直接判断室外机有故障。

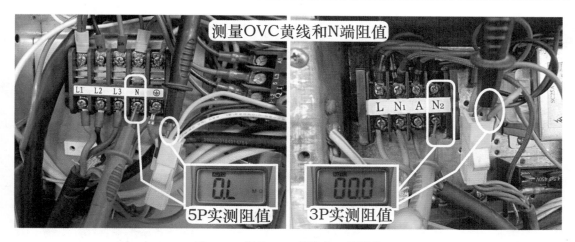

图 8-15　测量 OVC 黄线和 N 端阻值

四、区分室内机主板或显示板故障

室内机电控部分由室内机主板和显示板组成，如果确定故障在室内机，即室外机和室内外机连接线正常，应做进一步检查，判断故障是在室内机主板还是在显示板。

方法 1：使用万用表测量 OVC 和 GND 引线直流电压

见图 8-16，使用万用表直流电压挡，黑表笔接 CN6 插座上 GND 引线即地线，红表笔接 OVC 引线，测量高压保护电路电压。

实测电压为直流 4.6V，说明光耦合器 PC2 次级已经导通，故障在显示板，可更换显示板试机。

实测电压为直流 0V，说明光耦合器 PC2 次级未导通，故障在室内机主板，可更换室内机主板试机。

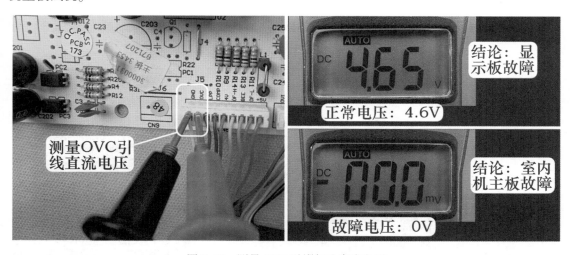

图 8-16　测量 OVC 引线与地直流电压

方法 2：使用万用表表笔尖短路光耦合器次级引脚

见图 8-17，使用万用表的表笔尖直接短接光耦合器 PC2 次级的 2 个引脚，并再次上电。

上电后正常开机，说明显示板正常，故障在室内机主板的高压保护电路，即光耦合器次级未导通，可更换室内机主板试机。

上电后故障依旧，说明室内机主板的光耦合器次级已导通，故障在显示板或显示板和室内机主板的连接线未导通。

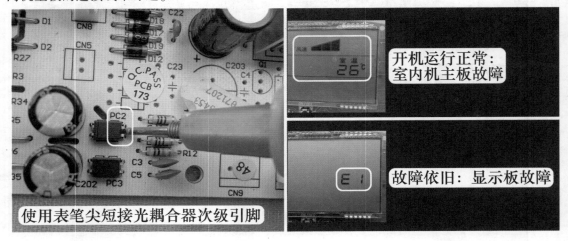

图 8-17　使用表笔尖短接光耦合器次级

方法 3：使用引线短接 OVC 和 5V 引线

找一段引线，并在两端剥开适当长度的接头，见图 8-18，短接室内机主板 CN6 插座上 OVC（黑色）和 +5V（棕色）引线，并再次上电。

上电后正常开机，说明显示板正常，故障在室内机主板的高压保护电路，可更换室内机主板试机。

上电后故障依旧，说明室内机主板正常，故障在显示板或显示板和室内机主板的连接线未导通。

说明：本方法也适用于室内机主板上高压保护电路损坏需更换室内机主板，但暂时无配件更换，而用户又着急使用空调器的应急措施。

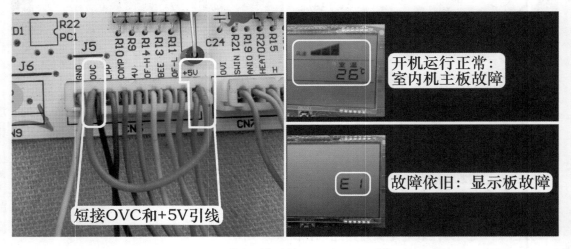

图 8-18　使用引线短接 OVC 和 +5V 引线

第三节 相序保护电路

一、适用范围

部分3P和5P柜式空调器使用三相电源供电，对应压缩机有活塞式和涡旋式两种，实物外形见图8-19。

图8-19 活塞式和涡旋式压缩机

活塞式压缩机由于体积大、能效比低、振动大、高低压阀之间容易窜气等缺点，逐渐减少使用，多见于早期的空调器。因电机运行方向对制冷系统没有影响，使用活塞式压缩机的三相供电空调器室外机电控系统不需要设计相序保护电路。

涡旋式压缩机由于振动小、效率高、体积小、可靠性高等优点，使用在目前全部5P及部分3P的三相供电空调器。但由于涡旋式压缩机不能反转运行，其运行方向要与电源相位一致，因此使用涡旋式压缩机的空调器，均设有相序保护电路，所使用的电路板通常称为相序板。

二、相序板实物外形和工作原理

1. 实物外形

相序板在三相电源相序与压缩机运行供电相序不一致、或断相时断开控制电路，从而对压缩机进行保护。

见图8-20和图8-21，按控制方式一般有2种，即使用继电器触点和使用微处理器（CPU）控制光耦合器次级，输出端子一般串接在交流接触器的线圈供电回路或保护回路中，当遇到相序不对或断相时，继电器触点断开（或光耦合器二次侧断开），交流接触器的线圈供电随之被断开，从而保护压缩机。

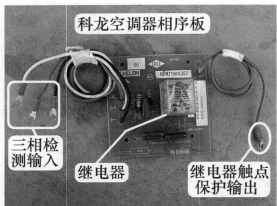

图 8-20　科龙和格力空调器相序板

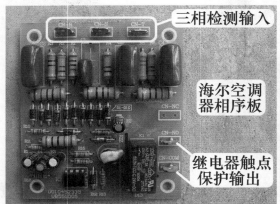
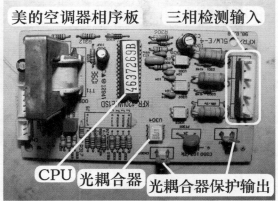

图 8-21　海尔和美的空调器相序板

2. 工作原理

（1）继电器方式

科龙 KFR-120LW/FG 柜式空调器室外机相序板电路原理图见图 8-22，电路由 3 个电阻、3 个电容、1 个继电器组成。当三相供电相序与压缩机工作相序一致时，继电器线圈两端电压为交流 220V，线圈中有电流通过，产生吸力使触点导通；当三相供电相序与压缩机工作相序不一致或断相时，继电器线圈两端电压低于交流 220V 较多，线圈通过的电流所产生的吸力很小，因而触点是断开的。

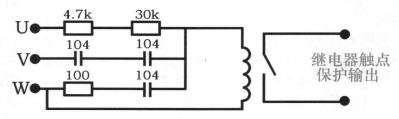

图 8-22　继电器式相序保护电路原理图

（2）微处理器（CPU）方式

美的 KFR-120LW/K2SDY 柜式空调器室外机相序板相序检测电路简图见图 8-23，电路由光耦合器、微处理器（CPU）、电阻等元器件组成。

三相供电 U、V、W 经光耦合器（PC817）分别输送到 CPU 的 3 个检测引脚，由 CPU 进行分析和判断，当检测三相供电相序与内置程序相同（即符合压缩机运行条件）时，控制光耦合器（MOC3022）次级导通，相当于继电器触点闭合；当检测三相供电相序与内置程序不同时，控制光耦合器（MOC3022）次级截止，相当于继电器触点断开。

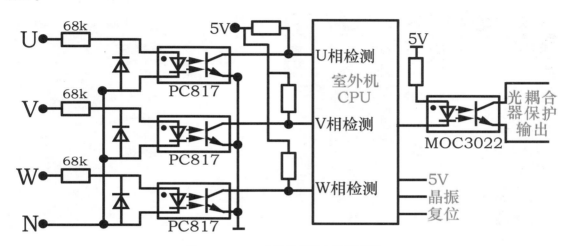

图 8-23　CPU 式相序保护电路原理图

3. 各品牌空调器出现相序保护时故障现象

三相供电相序与压缩机运行相序不同时，电控系统会报出相应的故障代码或出现压缩机不运行的故障，根据空调器设计不同所出现的故障现象也不相同，以下是几种常见品牌的空调器相序保护串接型式。

① 海信、海尔、格力：相序保护电路大多串接在压缩机交流接触器线圈供电回路中，所以相序错误时室外风机运行，压缩机不运行，空调器不制冷，室内机不报故障代码。

② 美的：相序保护串接室外机保护回路中，所以相序错误时室外风机与压缩机均不运行，室内机报故障代码为"室外机保护"。

③ 科龙：早期柜式空调器相序保护电路串接在室内机供电回路中，所以相序错误时室内机主板无供电，上电后室内机无反映。

由此可见，同为相序保护，由于厂家设计不同，表现的故障现象差别也很大，实际检修时要根据空调器电控系统设计原理，检查故障根源。

三、判断三相供电相序

三相供电电压正常，为判断三相供电相序是否正确时，可使用螺丝刀头等物品按压交接接触器（以下简称交接）上强制按钮，强制为压缩机供电，根据压缩机运行声音、吸气管和排气管温度、系统压力来综合判断。

1. 相序错误

三相供电相序错误时，压缩机由于反转运行，因此并不做功，见图8-24，主要表现现象如下。

① 压缩机运行声音沉闷。

② 手摸压缩机吸气管不凉、排气管不热，温度接近常温即无任何变化。

③ 压力表指针轻微抖动，但并不下降，维持在平衡压力（即静态压力不变化）。

说明：涡旋式压缩机反转运行时，容易击穿内部阀片（即窜气故障）造成压缩机损坏，在反转运行时，测试时间应尽可能缩短。

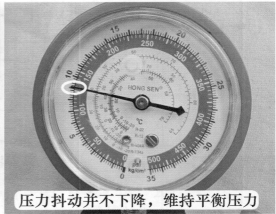

图8-24 相序错误时故障现象

2. 相序正常

由于供电正常，压缩机正常做功（运行），见图8-25，主要表现现象如下。

① 压缩机运行声音清脆。

② 压缩机吸气管和排气管温度迅速变化，手摸吸气管很凉、排气管烫手。

③ 系统压力由静态压力迅速下降至正常值约0.45MPa。

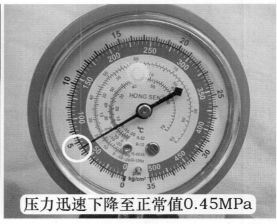

图8-25 相序正常时现象

3. 相序保护排除方法

见图 8-26，在室外机三相供电端子处任意对调 2 根相线的位置即可排除故障。此种故障常见于新装空调器、移机过程中安装空调器、用户装修调整供电相线时出现。

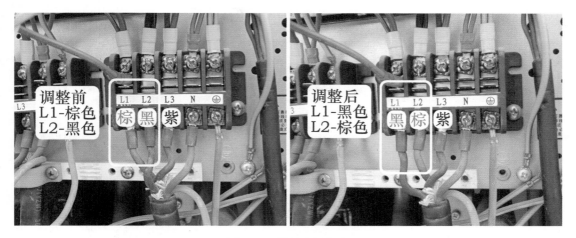

图 8-26　调整电源相序

四、使用通用相序保护器代换步骤

在实际维修中，如果原机相序保护器损坏，并且没有相同型号的配件更换时，可使用通用相序保护器代换，本节选用某品牌名称为"断相与相序保护继电器"，在格力 KFR-120LW/E（1253L）V-SN5 柜式空调器对代换步骤进行详细说明。

说明：本机室内机主板输出的压缩机控制电压 L 端直接连接交接线圈一端，交接线圈另一端通过相序保护器串接在电源 N 端。

1. 通用相序保护器实物外形和接线图

实物外形见图 8-27 左图，由控制盒和接线底座组成，使用时将底座固定在室外机合适的位置，控制盒通过卡扣固定在底座上面。

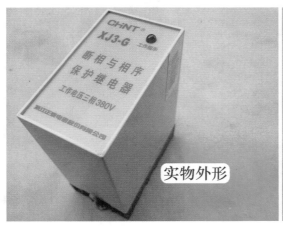
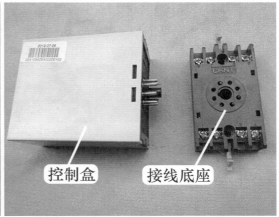

图 8-27　实物外形和组成

图 8-28 左图所示为接线图，图 8-28 右图为接线底座上对应位置。输入侧 1-2-3 端子接三相供电 L1-L2-L3 端子即检测引线。

输出侧 5-6 端子为继电器常开触点，相序正常时触点闭合；7-8 端子为继电器常闭触点，相序正常时触点断开。交接线圈供电回路应串接在 5-6 端子。

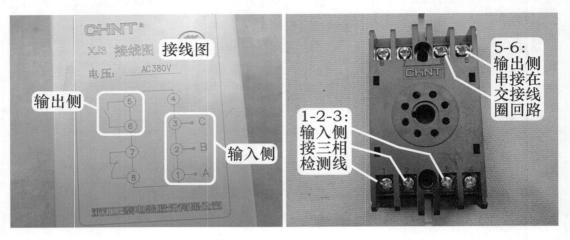

图 8-28　接线图和接线端子

2. 代换步骤

（1）输入侧引线

见图 8-29，将接线底座固定在室外机电控盒内合适的位置，由于 L1-L2-L3 端子连接原机相序保护器的引线较短，应准备 3 根引线，并将两端剥开适当的长度。

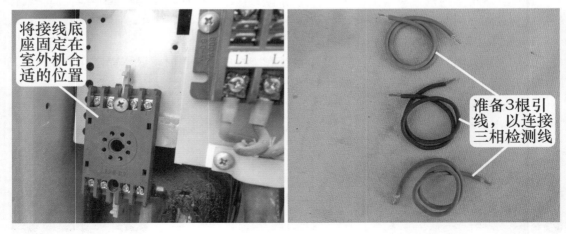

图 8-29　安装底座和准备引线

（2）安装输入侧引线

见图 8-30，将其中 1 根引线连接底座 1 号端子和 L1 端子、其中 1 根引线连接底座 2 号端子和 L2 端子、其中 1 根引线连接底座 3 号端子和 L3 端子，这样，输入侧引线全部连接完成。

图 8-30　安装输入侧引线

（3）安装输出侧引线

见图 8-31 左图，原机交接线圈的白线使用插头，因此将插头剪去，并剥开适合的长度接在底座 5 号端子；原机 N 端引线不够长，再使用另外 1 根引线连接底座 6 号端子和接线端子 N 端，这样输出侧引线也全部连接完成。注：5 号和 6 号端子接继电器触点，连接引线时不分反正。

此时接线底座共有 5 根引线，见图 8-31 右图，1-2-3 端子分别连接接线端子 L1-L2-L3，5-6 端子连接交接线圈和接线端子 N 端子。

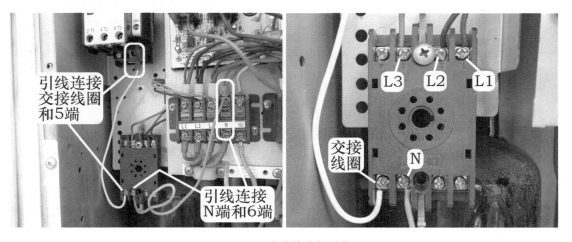

图 8-31　安装输出侧引线

（4）固定控制盒和包扎未用接头

见图 8-32，将控制盒安装在底座上并将卡扣锁紧，再使用防水胶布将未使用原机 L1、L2、L3、N 共 4 个插头包好，防止漏电。

将空调器通上电源，控制盒检测相序符合正常时，控制内部继电器触点闭合，并且顶部"工作指示"灯（红色）点亮；空调器开机后，交接吸合，压缩机开始运行。

图 8-32　固定控制盒和包扎引线

3. 压缩机不运行时调整方法

如果空调器上电后控制盒上"工作指示"灯不亮，开机后交接不能吸合使得压缩机不能运行，说明三相供电相序与控制盒内部检测相序不相同。此时，应当断开空调器电源，取下控制盒，见图 8-33，对调底座接线端子输入侧的任意 2 根引线位置，即可排除故障，再次开机，压缩机开始运行。

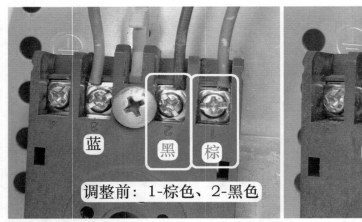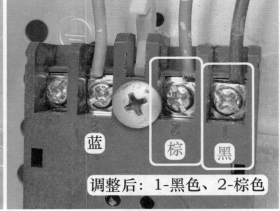

图 8-33　相序错误时调整方法

注意：原机只是相序保护器损坏，原机三相供电相序符合压缩机运行要求，因此调整相序时不能对调原机接线端子上引线，必须对调底座的输入侧引线。否则，造成开机后压缩机反转运行，空调器不能制冷或制热，并且容易损坏压缩机。

第九章　安装和代换柜式空调器主板

第一节　安装柜式空调器原装主板

本节以美的 KFR-51LW/DY-GA（E5）柜式空调器为基础，介绍安装原装主板的过程。需要注意的是，主板上插座或接线端子标识的英文符号为美的空调器厂家注明，其他品牌或型号的室内机主板可能会不相同，但可以参考使用。

一、固定室内机主板

1. 室内机主板和电控盒插头

图 9-1 左图为室内机主板实物外形，图 9-1 右图为电控盒内主板的所有插头，主要有电源输入引线、变压器插头、传感器插头等。

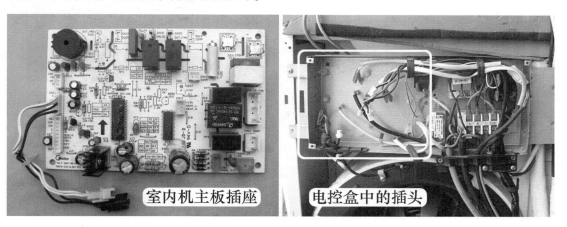

图 9-1　主板插座和电控盒插头

2. 安装主板

见图 9-2，电控盒左侧为室内机主板安装位置，4 个角各设 1 个塑料固定端子，用于固定主板；4 面的中间位置各设 1 个塑料支撑端子，用于支撑主板，防止主板反面与外壳接触而引起短路；安装时将主板对应安装在 4 个角的固定端子上面。

二、安装步骤

1. 安装电源供电输入引线

（1）接线端子标识

见图 9-3，室内主板供电为交流 220V，位于主板强电区域，标识为"L"和"N"，共有 2 根引线，分别为红色和黑色，红色引线连接接线端子的 L 端、黑色引线连接 N 端。

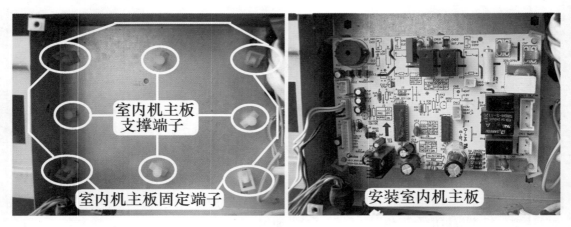

图 9-2　安装主板

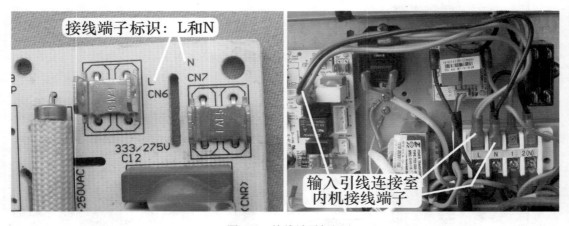

图 9-3　接线端子标识

（2）安装引线

见图 9-4，将红色引线安装在室内机主板的"L"端子，黑色引线安装在"N"端子。由于辅助电加热的"L"端供电引线取至室内机主板，因此"L"端子有 2 根红色引线。

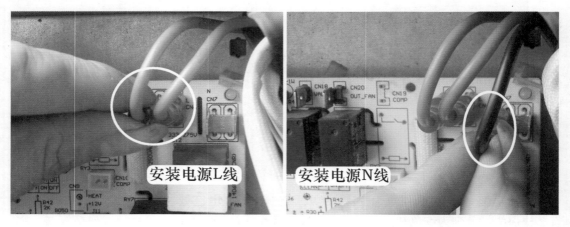

图 9-4　安装电源供电输入引线

2. 安装变压器插头

（1）插座标识

见图9-5，变压器共有2个插头，分别为一次绕组插头和二次绕组插头。室内机主板上变压器一次绕组插座标有"TRANS-IN"，位于强电区域；二次绕组插座标有"TRANS-OUT"，位于弱电区域。

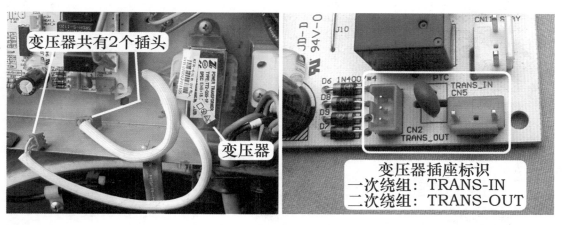

图9-5　变压器和插座标识

（2）安装插头

见图9-6，将变压器一次绕组插头安装在室内机主板的标有"TRANS-IN"的插座，将二次绕组插头安装在标有"TRANS-OUT"插座。

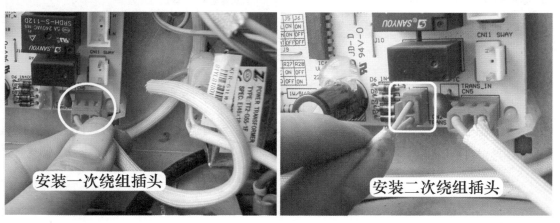

图9-6　安装变压器插头

3. 安装室内风机插头

见图9-7，室内机主板上的室内风机插座标有"IN-FAN"，位于强电区域，安装时将室内风机线圈插头安装在对应的插座。

4. 安装同步电机插头

见图9-8，同步电机在室内机主板上的插座标有"SWAY"，位于强电区域，安装时将同步电机插头安装在对应的插座。

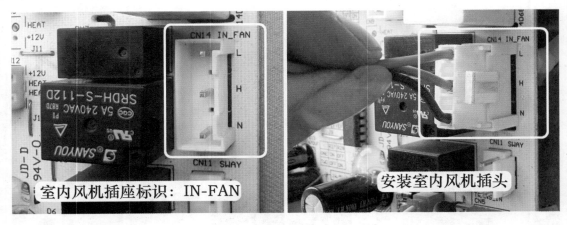

图 9-7　安装室内风机插头

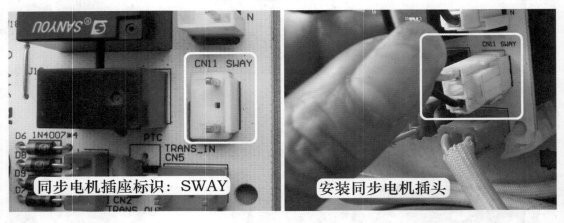

图 9-8　安装同步电机插头

5. 安装压缩机继电器线圈插头

（1）插座标识

由于压缩机继电器和辅助电加热继电器未安装在室内机主板上面，而是固定在电控盒内，见图 9-9，室内机主板上标有"COMP"的插座接压缩机继电器线圈，标有"HEAT"的插座接辅助电加热继电器线圈，均位于弱电区域。

（2）安装插头

见图 9-10，接压缩机继电器线圈端子的插头共有 2 根引线，将引线插头安装在室内机主板标有"COMP"的插座。

6. 安装四通阀线圈和室外风机引线插头

（1）引线标识

见图 9-11，室内机主板上强电区域中，标有"VALVE"的端子接四通阀线圈引线，标有"OUT_FAN"的端子接室外风机引线，端子引线通过对接插头连接室内外机的连接线。

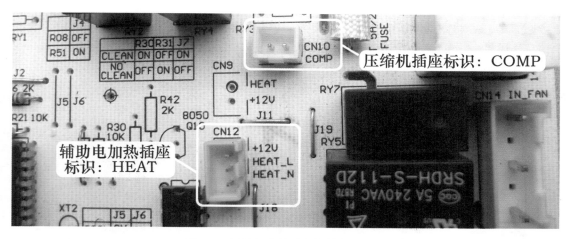

图 9-9　压缩机和辅助电加热插座标识

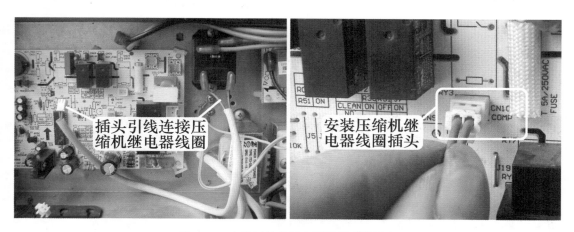

图 9-10　安装压缩机继电器线圈引线插头

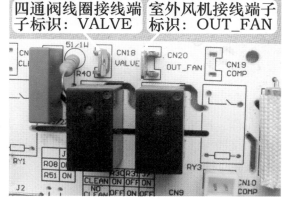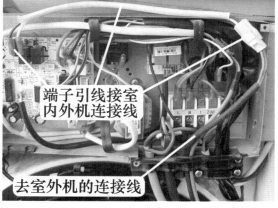

图 9-11　引线标识

（2）安装引线

见图 9-12，将四通阀线圈引线（通常为蓝色）安装在室内机主板标有"VALVE"的端子，室外风机引线安装在标有"OUT_ FAN"的端子。

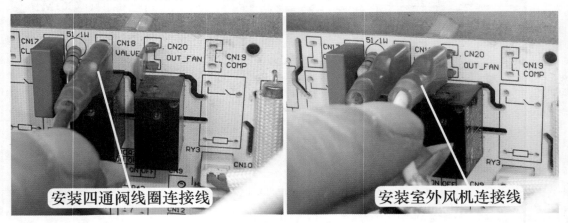

图 9-12 安装四通阀线圈和室外风机连接线

7. 安装辅助电加热继电器线圈插头

见图 9-13，接辅助电加热继电器线圈端子的共有 3 根引线，将引线插头安装在室内机主板标有"HEAT"的插座。

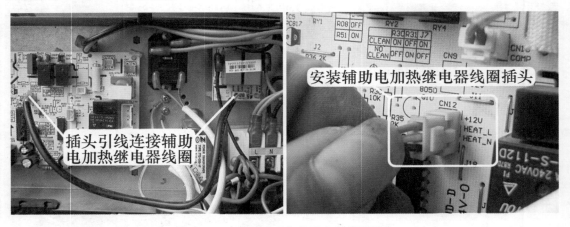

图 9-13 安装辅助电加热继电器线圈插头

8. 安装室内环温和管温传感器插头

（1）插座标识

见图 9-14，室内环温和室内管温传感器共用 1 个插座，标有"T1"和"T2"，传感器插座引线直接焊在室内机主板的弱电区域，连接传感器使用对接插头，2 个对接插头大小不一样，接环温传感器的对接插头为白色并且体积较小，接管温传感器的对接插头为黑色并且体积较大。

（2）安装插头

见图 9-15，安装室内环温传感器和室内管温传感器的对接插头，由于体积大小不一样，因此安装时不会装反。

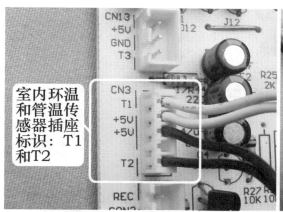
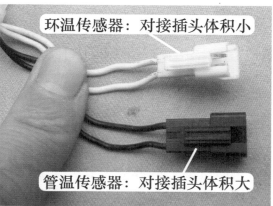

图 9-14　传感器插座标识

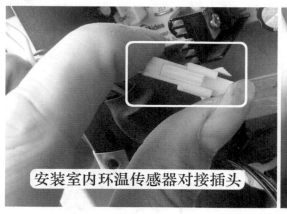
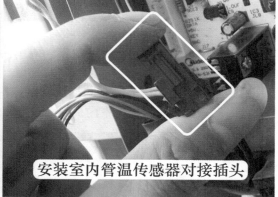

图 9-15　安装室内环温和管温传感器对接插头

9. 安装室外管温传感器插头

见图 9-16，室内机主板弱电区域中标有"T3"的插座接室外管温传感器，室内外机连接线中最细的 1 束接室外管温传感器，将插头安装在对应插座。

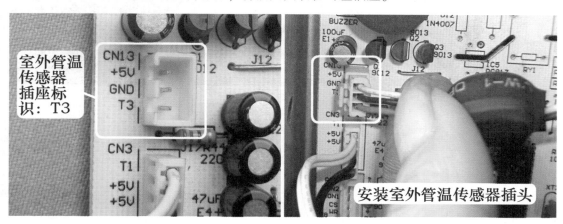

图 9-16　安装室外管温传感器插头

10. 安装显示板插头

见图 9-17，室内机主板弱电区域引针最多的为显示板插座，特点是标有"KEY、REC"等字样，将显示板插头安装在对应插座。

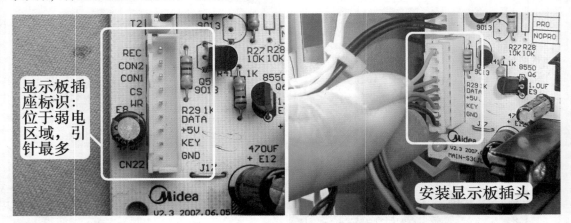

图 9-17　安装显示板插头

11. 安装完毕

到此，室内机主板上所有的插座和接线端子，对应的引线全部安装完毕，见图 9-18，电控盒内没有多余的引线，室内机主板没有多余的接线端子或插座。

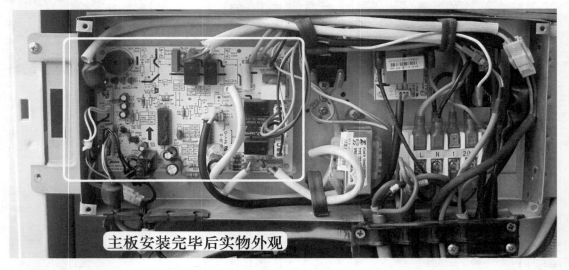

图 9-18　安装完毕

第二节　代换柜式空调器通用板

本节以美的 KFR-51LW/DY-GA（E5）柜式空调器为基础，详细介绍代换通用板的操作步骤。示例机型电控系统和目前柜式空调器设计原理基本相同，室内机均设有显示板和室内机主板，室外机未设电路板，因此代换其他品牌空调器通用板时可参考本节所示步骤。

一、故障空调器简单介绍

见图 9-19，室内机主板是整机电控系统的控制中心，包括 CPU 及弱电电路，显示板的主要作用是显示整机状态。

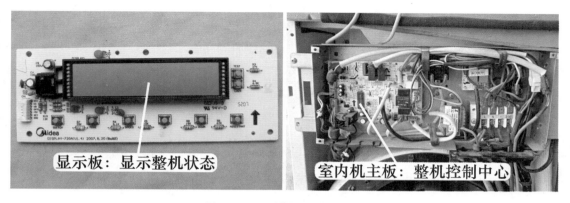

图 9-19　显示板和室内机主板

二、通用板设计特点

1. 实物外形

见图 9-20，本例选用某品牌具有液晶显示、具备冷暖两用且带有辅助电加热控制的通用板组件，主要部件有通用板（主板）、显示板、变压器、遥控器、接线插、双面胶等，特点如下。

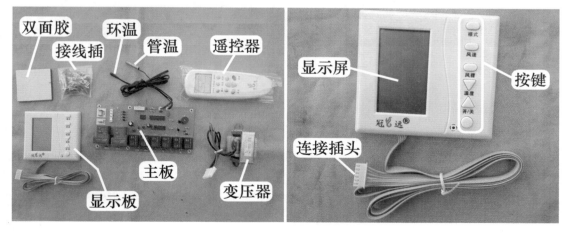

图 9-20　带液晶显示屏的柜式空调器通用板

① 自带遥控器、变压器、接线插，方便代换。

② 自带室内环温和室内管温传感器，并且直接焊在主板上面，无需担心插头插反。

③ 显示板设有全功能按键，即使不用遥控器，也能正常控制空调器，并且 LCD 显示屏可更清晰地显示运行状态。

④ 通用板上使用汉字标明接线端子的作用，使代换过程更为简单。

⑤ 通用板只设有 2 个电源零线 N 端子。如室内风机、室外机负载、同步电机使用的零线 N 端子，可由电源接线端子上 N 端子提供。

2. 通用板主要接线端子（见图 9-21）

电源输入端子：2 个，相线 L 输入（相线）、零线 N 输入（零线）。

变压器插座：1 个，连接变压器。

显示板插座：1 个，连接显示板。

室内风机端子：3 个，高风（高）、中风（中）、低风（低）。

同步电机端子：1 个，即摆风端子。

辅助电加热端子：1 个，即电加热端子。

室外机负载：3 个，压缩机、室外风机、四通阀线圈。

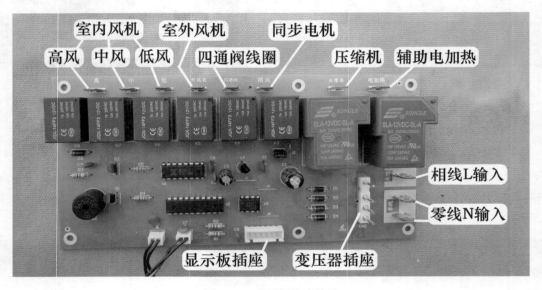

图 9-21　通用板接线端子

三、代换步骤

1. 拆除原机电控系统和保留引线

见图 9-22 左图，取下原机电控系统中室内机主板、变压器、压缩机继电器、辅助电加热继电器、环温和管温传感器等器件。

见图 9-22 右图，需要保留的引线插头有室外机负载的 5 根引线、同步电机插头、室内风机插头、辅助电加热插头、主板供电引线等。

2. 安装通用板

见图 9-23，由于通用板固定孔和原机主板固定端子不对应，因此在通用板反面贴上双面胶，直接粘在原机主板的固定端子上面。

3. 安装电源供电引线

见图 9-24，将原机的红色 L 相线安装至通用板相线端子，将黑色 N 零线安装至零线端子，为通用板提供交流 220V 电源。

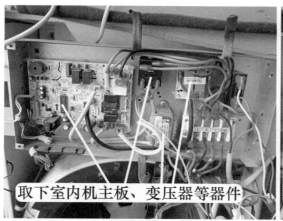
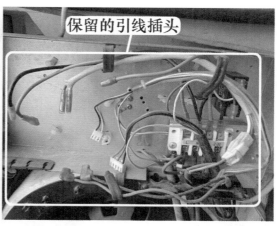

图 9-22　拆除的器件和保留的引线插头

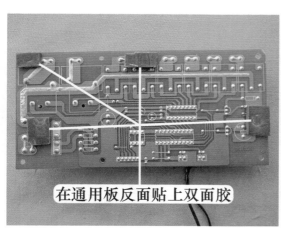

图 9-23　安装通用板

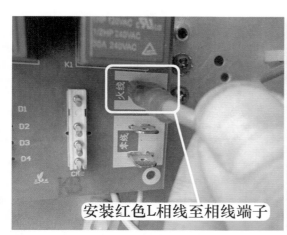
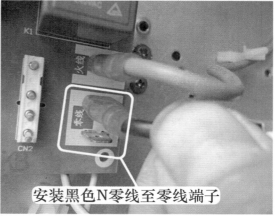

图 9-24　安装电源供电引线

4. 安装变压器

见图 9-25，将自带的变压器固定在原机位置，由于原机变压器体积大，自带的变压器只能固定 1 个螺钉，拧紧螺钉后将插头安装至通用板的变压器插座。

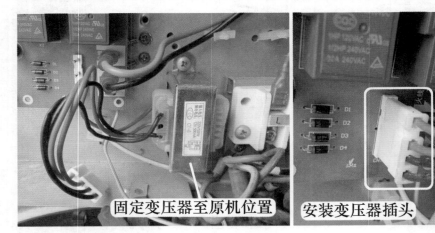

图 9-25 安装变压器

5. 安装室内风机引线

见图 9-26 左图，原机主板的室内风机使用插头，共有 3 根引线，作用分别为：黑线为公共端 C、灰线为高风 H、红线为低风 L。由此可见，本机室内风机共有高风和低风共 2 挡风速。

见图 9-26 右图，通用板设有高风、中风、低风共 3 挡风速，为防止设定某一转速时室内风机停止运行，应使用引线短接其中的 2 个端子作为 1 路输出，才能避免此类故障。

通用板使用接线端子连接引线，因此应剪去室内风机插头，并将引线接上接线插，才能连接通用板。

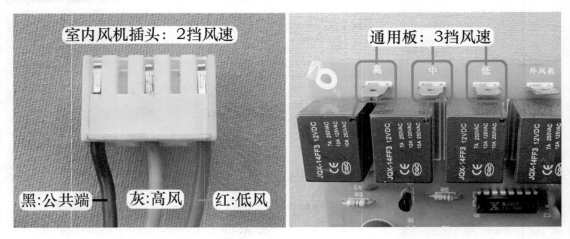

图 9-26 室内风机插头和通用板 3 挡风速

见图 9-27 左图，翻转至通用板反面，使用 1 根较短的引线，两端焊在中风和低风的接线端子，即短接中风和低风端子，此时无论通用板输出中风或低风控制电压，室内风机均在运行且恒定在 1 个转速。

见图 9-27 右图，将室内风机的公共端黑线制成接线插，安装至通用板空闲的零线端子，为室内风机提供零线 N 电源。

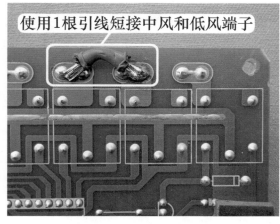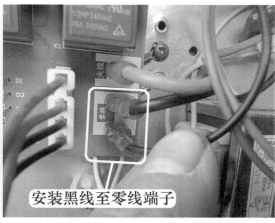

图 9-27 短接中-低风端子和安装黑线 N 端

见图 9-28，将室内风机插头上的另外 2 根引线也制成接线插，将高风 H 灰线安装至通用板标有"高"的端子、低风 L 红线安装至通用板标有"低"的端子。中风端子由于和低风端子短接，因此空闲不用安装引线。

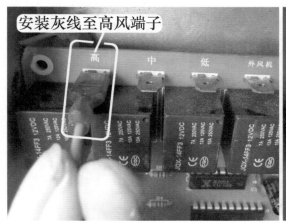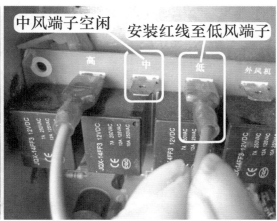

图 9-28 安装高-低速引线

6. 辅助电加热引线

辅助电加热功率较大，引线通过的电流也较大，通常使用较粗的引线或在外面包裹一层耐热护套，2 根引线比较容易分辨。

见图 9-29，将黑线安装至接线端子上 2（N）端子，另外 1 根红线安装至通用板标有"电加热"的端子。

7. 同步电机引线

见图 9-30 左图，本机同步电机使用插头连接，共有 2 根引线，供电电压为交流 220V，而通用板使用接线端子连接引线，因此应剪去同步电机插头，并将引线接上接线插，才能连接至通用板。

见图9-30中图和右图，因通用板和接线端子均没有多余的N端插头，因此将其中的黑线剥开适应的长度，使用十字螺丝刀固定在接线端子上2（N）端子，将白线安装至通用板标有"摆风"的端子。这里需要说明的是，2根引线不分反正，可任意连接"零线"或"摆风"端子。

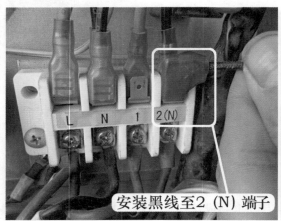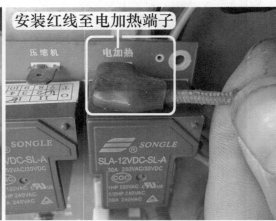

图9-29　安装辅助电加热引线

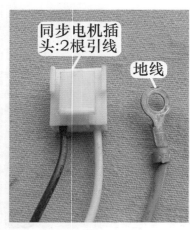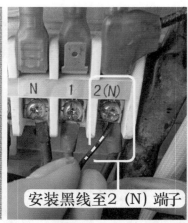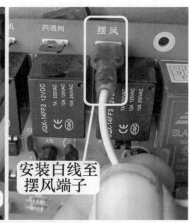

图9-30　安装同步电机引线

8. 安装室外机负载引线

室内外机负载使用2束引线共有5根，其中1根黄/绿色为地线直接连接至电控盒铁皮，1根黑线为公用零线已连接至接线端子上2（N）端子（见图9-31左图），1根红线为压缩机，1根白线为室外风机，1根蓝线为四通阀线圈。

见图9-31右图，将压缩机红线安装至通用板标有"压缩机"的端子。

见图9-32，将室外风机白线安装至通用板标有"外风机"的端子、将四通阀线圈蓝线安装至通用板标有"四通阀"的端子。

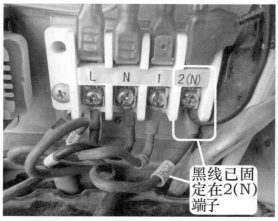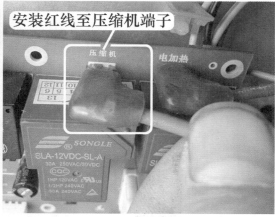

图 9-31　N 端引线和安装压缩机引线

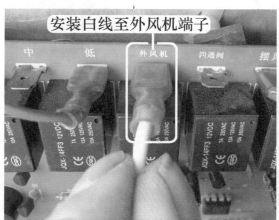

图 9-32　安装室外风机和四通阀线圈引线

9. 安装环温和管温传感器探头

　　见图 9-33，将通用板自带的室内环温传感器探头安装在原机位置，即离心风扇的进风口罩圈上面；将自带的管温传感器探头安装在原机位置，即位于蒸发器的检测孔内。

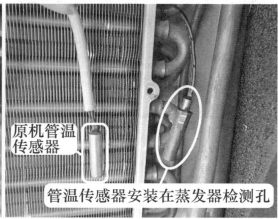

图 9-33　安装环温和管温传感器

10. 安装显示板

见图 9-34，取下原机的显示板组件，将自带显示板的引线穿过前面板；再使用通用板套件自带的双面胶，一面粘住显示板背面、另一面粘在原机的显示窗口合适位置，即可固定显示板，并将显示板引线插头插在通用板的插座上面。

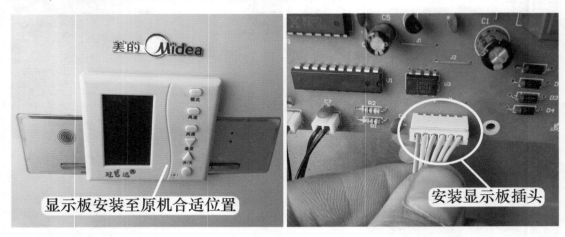

图 9-34　安装显示板

11. 代换完成

见图 9-35 左图，至此，室内机和室外机的负载引线已全部连接，即代换通用板的步骤也已结束。

见图 9-35 右图，按压显示板上"开/关"按键，室内风机开始运行，转换"模式"至制冷，当设定温度低于房间温度，压缩机和室外风机开始运行，空调器制冷也恢复正常。

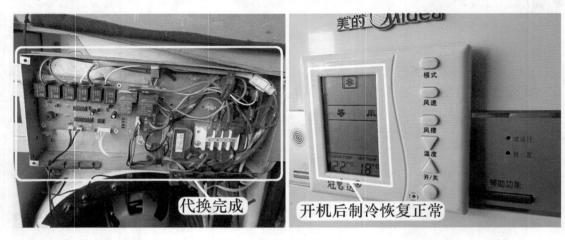

图 9-35　代换完成和开机

第十章 变频空调器维修实例

第一节 通信故障

一、室内机通信电路降压电阻开路，室外机不运行

故障说明：海信 KFR-26GW/08FZBPC（a）挂式直流变频空调器，制冷开机室外机不运行，测量室内机接线端子上 L 与 N 电压为交流 220V，说明室内机主板已向室外机输出供电，但一段时间以后室内机主板主控继电器断开，停止向室外机供电，按压遥控器上高效键4 次，显示屏显示代码为"36"，含义为通信故障。

1. 测量 N 与 S 端电压

见图 10-1 左图，将空调器通上电源但不开机，使用万用表直流电压挡，黑表笔接室内机接线端子上零线 N，红表笔接 S，测量通信电压，正常为轻微跳动变化的直流 24V，实测电压为 0V，说明室内机主板有故障（注：此时已将室外机引线去掉）。

见图 10-1 右图，黑表笔不动，红表笔接 24V 稳压二极管 ZD1 正极，电压仍为直流 0V，判断直流 24V 电压产生电路出现故障。

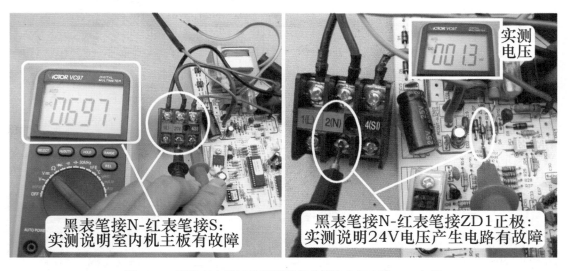

图 10-1 测量室内机接线端子通信电压和主板直流 24V 电压

2. 直流 24V 电压产生电路工作原理

电路原理图见 10-2，实物图见 10-3，交流 220V 电压中 L 端经电阻 R10 降压、二极管 D6 整流、电解电容 E02 滤波、稳压二极管（稳压值 24V）ZD1 稳压，与电源 N 端组合在 E02 两端形成稳定的直流 24V 电压，为通信电路供电。

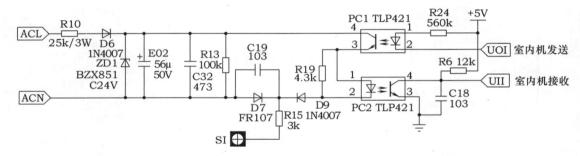

图 10-2 海信 KFR-26GW/08FZBPC（a）室内机通信电路原理图

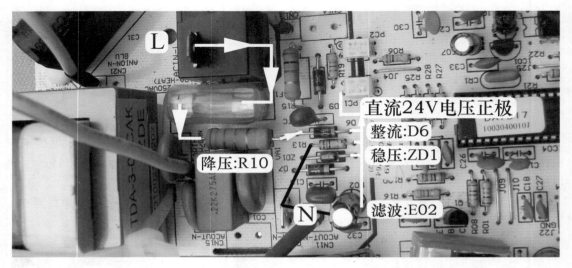

图 10-3 室内机主板直流 24V 通信电压产生电路

3. 测量降压电阻两端电压

见图 10-4，由于降压电阻为通信电路供电，因此使用万用表交流电压挡，黑表笔不动

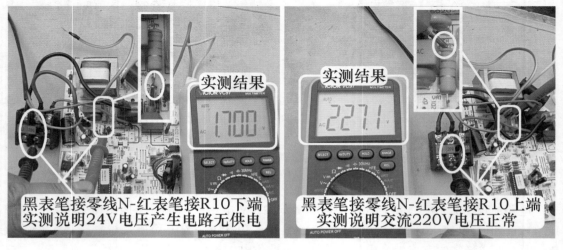

图 10-4 测量降压电阻 R10 下端和上端电压

依旧接零线 N 端，红表笔接降压电阻 R10 下端测量电压，实测电压约为 0V；红表笔测量 R10 上端电压为交流 220V 等于供电电压，初步判断 R10 开路。

4. 测量 R10 阻值

见图 10-5，断开室内机主板供电，使用万用表电阻挡测量电阻 R10 阻值，正常值为 25kΩ，在路测量阻值为无穷大，说明 R10 开路损坏；为准确判断，将其取下后，单独测量阻值仍为无穷大，确定开路损坏。

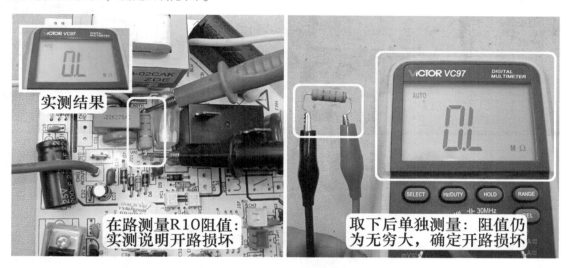

图 10-5　测量 R10 阻值

5. 更换电阻

见图 10-6 和图 10-7，电阻 R10 参数为 25kΩ/3W，由于没有相同型号电阻更换，实际维修时选用 2 个电阻串联代替，1 个为 15kΩ/2W，1 个为 10kΩ/2W，串联后安装在室内机主板上面。

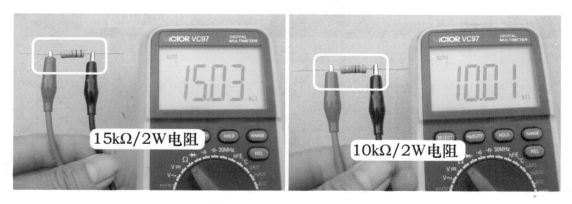

图 10-6　15kΩ 和 10kΩ 电阻

6. 测量 R10 下端电压

见图 10-8 左图，将空调器通上电源，使用万用表直流电压挡，黑表笔接室内机接线端子上零线 N 端，红表笔接 S 端测量电压为直流 24V，说明通信电压恢复正常。

见图 10-8 右图，万用表改用交流电压挡，黑表笔不动，红表笔接电阻 R10 下端测量电压，实测为交流 135V。

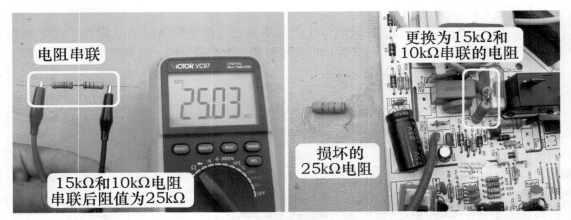

图 10-7　电阻串联后代替 R10

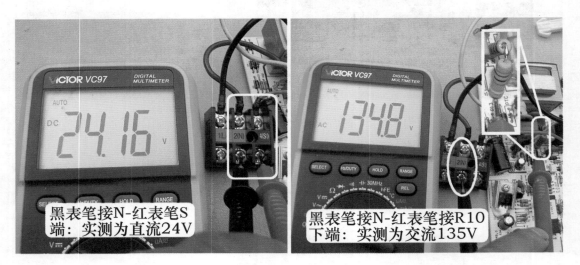

图 10-8　测量室内机接线端子通信电压和 R10 下端交流电压

维修措施：更换降压电阻 R10。更换后恢复线路试机，遥控开机后室外风机运行，约 10s 压缩机开始运行，制冷恢复正常。

总结

① 本例通信电路专用电压的降压电阻开路，使得通信电路没有工作电压，室内机和室外机的通信电路不能构成回路，室内机 CPU 发送的通信信号不能传送到室外机，室外机 CPU 也不能接收和发送通信信号，压缩机和室外风机均不能运行，室内机 CPU 因接收不到室外机传送的通信信号，约 2min 后停止向室外机供电，并记忆故障代码为"通信故障"。

② 通信电路专用电源有 2 种常见型式。目前空调器通常为直流 24V，设在室内机主板，电路工作原理如本例所示；早期一部分变频空调器为直流 140V，设在室外机主板，工作原理与本例基本相同，但没有设稳压二极管，直流 140V 电压随电网高低变化

而变化。

③ 本例所示的通信电路室内机主板常见故障：降压电阻 R10 开路、稳压二极管 ZD1 短路、保护二极管 D7 短路、分压电阻 R15 开路、接收光耦合器 PC2 或发送光耦合器 PC1 损坏。

④ 空调器上电后，无论处于待机状态或开机状态，室内机 CPU 就一直发送通信信号，控制发送光耦合器 PC1 次级导通；因此在待机状态测量 N 与 S 端电压为直流 24V，如果电压为 0V，应检查直流 24V 电压产生电路、保护二极管 D10 或分压电阻 R15。

⑤ 遥控开机后，室外机得电工作，在通信电路正常的前提下，N 与 S 端的电压，由待机状态的直流 24V，立即变为 0～24V 跳动变化的电压。如果室内机向室外机输出交流 220V 供电后，通信电压不变仍为直流 24V，说明室外机 CPU 没有工作或室外机通信电路出现故障，应首先检查室外机的直流 300V 和 5V 电压，再检查通信电路元件。

知识链接：通信电路电压变化范围

室内机和室外机 CPU 输出的通信信号均为脉冲电压，通常在 0～5V 之间变化，光耦合器初级发光二极管的电压也是时有无，有电压时次级光敏晶体管导通，无电压时次级光敏晶体管截止，通信回路由于光耦合器次级光敏晶体管的导通与截止，工作时也是时而闭合时而断开，因而通信电路工作电压为跳动变化的电压。

测量通信电路电压时，使用万用表直流电压挡，黑表笔接 N、红表笔接 SI 端子。根据图 10-9 所示的通信电路简图，可得出以下结果。

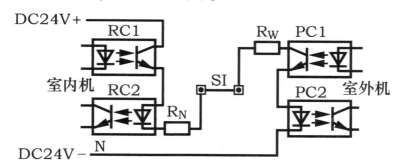

图 10-9　通信电路简图

① 室内机发送光耦合器 RC1 次级光敏晶体管截止、室外机发送光耦合器 PC1 次级光敏晶体管导通，直流 24V 电压供电断开，此时 N 与 SI 端子电压为直流 0V。

② RC1 次级导通、PC1 次级导通，此时相当于直流 24V 电压对 RN 和 RW 串联的电阻进行分压。在本机通信电路中，RN = R15 = 3kΩ，RW = R16 = 4.7kΩ，此时测量 N 与 SI 端子电压相当于测量 RW 两端电压，根据分压公式 RW/(RN + RW) × 24V 可计算得出，约等于 15V。

③ RC1 次级导通、PC1 次级截止，此时 N 与 SI 端子电压为直流 24V。

根据以上结果得出的结论是，测量通信回路电压即 N 与 SI 端子，理论的通信电压变化范围为 0V～15V～24V。但是实际测量时，由于光耦合器次级光敏晶体管导通与截止的转换频率非常快，万用表显示值通常在 0～22V 之间变化，见图 10-10。

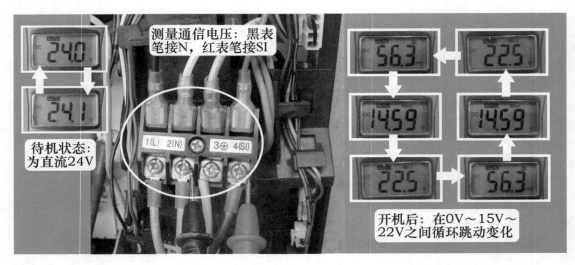

图 10-10 测量通信电路 N 与 S 电压

二、室内外机连接线接错，室外机不运行

故障说明：海信 KFR-26GW/11BP 挂式交流变频空调器，移机时安装后开机，室内机主板向室外机供电，但室外机不运行，同时空调器不制冷。按压遥控器上"传感器切换"键2次，显示板组件上"运行（蓝）、电源"指示灯亮，代码含义为通信故障。

1. 测量接线端子电压

见图 10-11，在室内机接线端子上使用万用表直流电压挡测量通信电路，黑表笔接 2 号 N 端、红表笔接 4 号 SI 端，将空调器通上电源但不开机即待机状态为直流 24V，说明室内机主板通信电压产生电路正常。

使用遥控器开机，室内机主控继电器触点吸合为室外机供电，通信电压由直流 24V 上升至 30V 左右，而不是正常的 0~24V 跳动变化的电压，说明通信电路出现故障，使用万用表交流电压挡测量 1 号 L 端和 2 号 N 端为交流 220V。

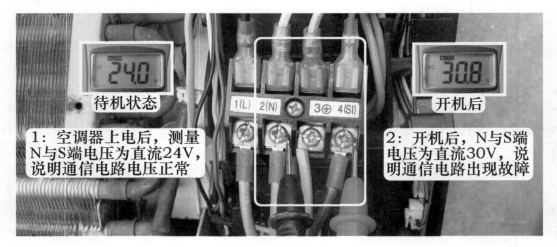

图 10-11 测量室内机接线端子 N 与 S 电压

2. 测量室外机接线端子电压

使用万用表交流电压挡，测量室外机接线端子上 1 号 L 端和 2 号 N 端电压为交流 220V，说明室内机输出的交流电源已送至室外机。

见图 10-12 左图，使用万用表直流电压挡，黑表笔接 2 号 N 端、红表笔接 4 号 SI 端，测量通信电压约为直流 0V，说明通信信号未传送至室外机通信电路，由于室内机主板 N 与 S 端有通信电压，而室外机通信电压为 0V，说明通信信号出现断路。

见图 10-12 右图，使用万用表直流电压挡，红表笔接 4 号 SI 端子不动、黑表笔接 1 号 L 端电压，正常电压应接近 0V，而实测电压为直流 30V，和室内机线端子上 S 与 N 电压相同，由于是移机的空调器，应检查室内外机连接线是否对应。

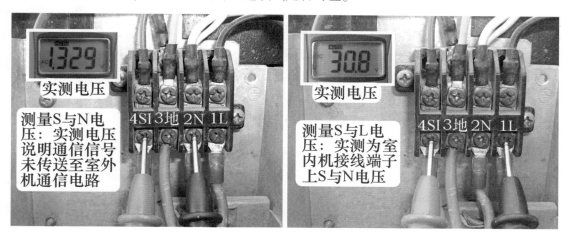

图 10-12　测量室外机 NS 和 NL 电压

3. 对应室内机和室外机接线端子

见图 10-13，断开空调器电源，此机原配引线够长，中间未加长引线，仔细查看室内机和室外机接线端子上引线颜色，发现为 1 号 L 与 2 号 N 端子引线接反。

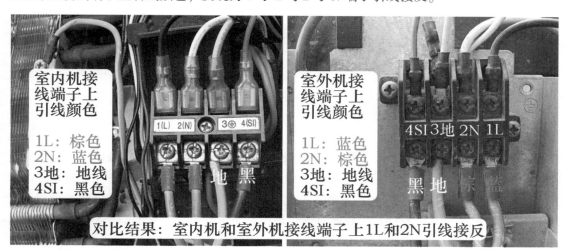

图 10-13　检查室内机和室外机接线端子引线

维修措施：对调室外机接线端子上1号L端和2号N端引线位置，使室外机和室内机引线相对应，再次上电开机，室外机运行，空调器开始制冷，测量2号N端和4号SI端的通信电压为0～24V跳动变化。

总结

①根据图10-6的通信电路原理图，通信电压直流24V正极由电源L线降压、整流、滤波，与电源N线构成回路，因此2号N线具有双重作用，与1号L线组合为交流220V为室外机供电，与4号SI组合为室内机和室外机的通信电路提供回路。

②本例1号L线和2号N线接反后，由于交流220V无极性之分，因此室外机的直流300V、直流5V电压均正常，但室外机通信电路的公共端为电源L线，与4号SI线不能构成回路，通信电路中断，造成室外机不运行、室内机CPU因接收不到通信信号约2min后停止为室外机供电，并报故障代码为"通信故障"。

③遇到开机后室外机不运行、报代码为通信故障，如果为新装机或刚移机未使用的空调器，应首先检查室内机和室外机的连接线位置是否对应。

知识链接：室内机和室外机连接线常见故障

①如本例故障，新装机或刚移机空调器，室内机和室外机的连接线位置不对应，造成通信电路中断。

②空调器使用几年之后，室内外机连接线由于风吹日晒，绝缘层部分脱落甚至漏出铜线，4根引线之间有漏电阻甚至接近短路，将导致通信信号入地，造成室外机不运行的故障（也有些表现为开机后断路器跳闸）。

③目前有些空调器连接线质量不好，4根引线之间有轻微漏电阻，使得通信信号在传送过程中发生畸变，出现开机后室外机运行正常，通信电压0～24V跳变也正常，但一段时间之后（约10min），室内机停止室外机供电，更换室内机和室外机主板均不能排除故障，更换连接线后试机正常。

④空调器安装时加长室内外机连接线，由于接头之间绝缘处理不好，一段时间之后出现漏电阻，使得电源相线干扰通信电路工作，出现室外机不运行或运行一段时间停机的故障，此时将接头重新分段包扎，并做好绝缘后试机正常。

三、室外机通信电路分压电阻开路，室外机不运行

故障说明：海信KFR-26GW/11BP挂式交流变频空调器，遥控开机后，压缩机和室外风机均不运行，同时不制冷。图10-14为室外机通信电路原理图。

1. 测量室内机接线端子通信电压

见图10-15，首先使用万用表交流电压挡，测量室内机接线端子上1号L相线和2号N零线电压为交流220V，说明室内机主板已向室外机供电；将挡位改用直流电压挡，黑表笔接室内机接线端子2号N零线，红表笔接4号通信S线，测量通信电压，正常值在待机时为稳定的直流24V电压，在室内机向室外机供电时，变为0～24V跳变电压，而实测待机状态为直流24V，遥控开机后室内机主板向室外机供电，通信电压仍为直流24V不变，说明通信电路出现故障。

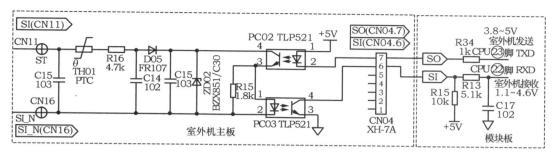

图 10-14 海信 KFR-26GW/11BP 室外机主板通信电路

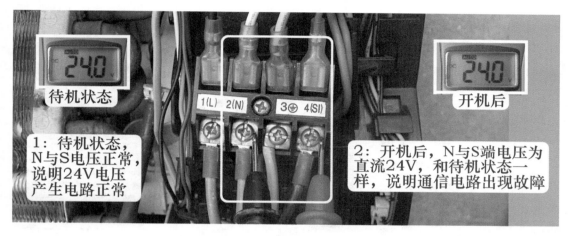

图 10-15 测量室内机接线端子通信电压

2. 故障代码

取下室外机外壳,观察到室外机主板上直流 12V 电压指示灯常亮,初步判断直流 300V 和 12V 电压均正常,使用万用表直流电压挡测量直流 300V、12V、5V 电压均正常。

见图 10-16,查看模块板上指示灯闪 5 次,报故障代码含义为"通信故障";按压遥控器上"传感器切换"键 2 次,室内机显示板指示灯显示故障代码为"运行(蓝)、电源"灯亮,代码含义为"通信故障"。

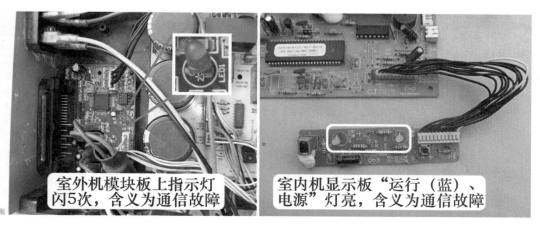

图 10-16 室外机模块板和室内机显示板组件报故障代码为通信故障

室内机 CPU 和室外机 CPU 均报"通信故障"的代码，说明室内机 CPU 已发送通信信号，但同时室外机 CPU 未接收到通信信号，同时开机后通信电压为直流 24V 不变，判断通信电路中有开路故障，重点检查室外机通信电路。

3. 测量室外机通信电路电压

见图 10-17，在空调器通上电源但不开机即处于待机状态时，黑表笔接电源 N 零线，红表笔接室外机主板上通信 S 线（①处），实测电压为直流 24V，和室外机接线端子上电压相同。

红表笔接分压电阻 R16 上端（②处），实测电压为直流 24V，说明 PTC 电阻 TH01 阻值正常。

红表笔接分压电阻 R16 下端（③处），正常应和②处电压相同，而实测电压为直流 0V，初步判断 R16 阻值开路。

红表笔接发送光耦合器 PC02 次级集电极引脚（④处），实测电压为 0V，和③处电压相同。

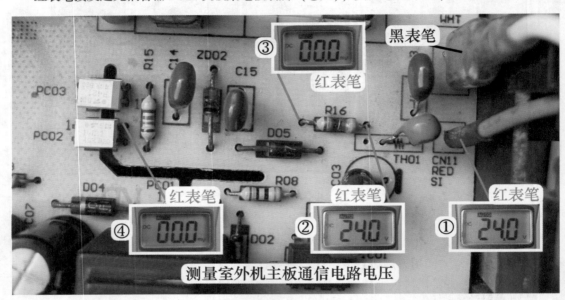

图 10-17　测量室外机主板通信电路电压

4. 测量 R16 阻值

R16 上端（②处）电压为直流 24V，而下端（③处）电压为直流 0V，可大致说明电阻 R16 开路损坏，断开空调器电源，待直流 300V 电压下降至直流 0V 时，见图 10-18，使用万用表电阻挡测量 R16 阻值，正常值为 4.7kΩ，实测阻值为无穷大，判断 R16 开路损坏。

5. 更换 R16 分压电阻

见图 10-19，此机室外机主板通信电路分压电阻使用 4.7kΩ/0.25W，在设计中由于功率偏小，容易出现阻值变大甚至开路故障，因此在更换时应选用加大功率、阻值相同的电阻，本例在更换选用 4.7kΩ/1W 的电阻。

维修措施：更换分压电阻 R16，参数为原 4.7kΩ/0.25W，更换为 4.7kΩ/1W。更换后在空调器通上电源但不开机即处于待机状态时测量室外机通信电路电压，见图 10-20。

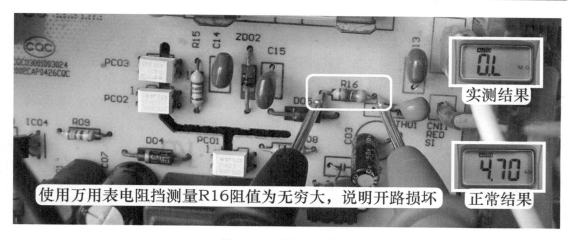

图 10-18 测量 R16 阻值

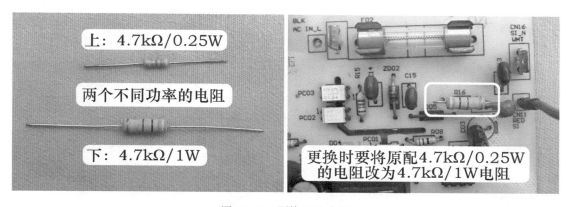

图 10-19 更换 R16 电阻

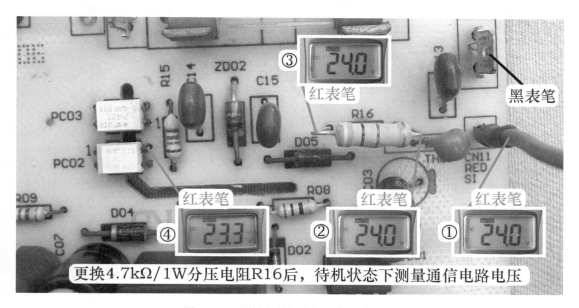

图 10-20 测量室外机主板通信电路电压

总结

本例由于分压电阻开路，通信信号不能送至室外机接收光耦合器，使得室外机 CPU 接收不到室内机 CPU 发送的通信信号，因此通过模块板上指示灯报故障代码为"通信故障"，并不向室内机 CPU 反馈通信信号；而室内机 CPU 因接收不到室外机 CPU 反馈的通信信号，2min 后停止室外机的交流 220V 供电，并记忆故障代码为"通信故障"。

经验：判断 4.7kΩ 分压电阻是否开路的简单方法

① 测量接线端子通信电压，待机状态下为直流 24V，遥控开机室内机主板向室外机供电后电压仍为直流 24V 不变，可说明室外机通信电路没有工作。

② 测量 4.7kΩ 分压电阻上端电压为直流 24V，下端电压为直流 0V，两端压差在 20V 以上，即可判断分压电阻开路损坏。

③ 早期主板中 4.7kΩ 分压电阻阻值容易变大或开路损坏，主要原因是电阻功率选用 0.25W 相对较小，而通信电路中电流过大而导致，见图 10-21，后期主板已将 4.7kΩ 分压电阻功率改为 1W 或 2W。

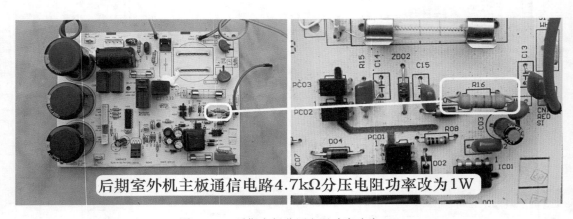

后期室外机主板通信电路 4.7kΩ 分压电阻功率改为 1W

图 10-21　后期主板分压电阻功率改为 1W

第二节　常见故障

一、模块 P-U 端子击穿，报模块故障

故障说明：海信 KFR-28GW/39MBP 挂式交流变频空调器，遥控开机后室外风机运行，但压缩机不运行，空调器不制冷。

1. 查看故障代码

见图 10-22，遥控开机后室外风机运行，但压缩机不运行，室外机主板直流 12V 电压指示灯点亮，说明开关电源已正常工作，模块板上以 LED1 和 LED3 灭、LED2 闪的方式报故障代码，查看代码含义为"模块故障"。

图 10-22　压缩机不运行和模块板报故障代码

2. 测量直流 300V 电压

见图 10-23，使用万用表直流电压挡，测量室外机主板上滤波电容直流 300V 电压，实测为直流 297V，说明电压正常，由于代码为"模块故障"，应拔下模块板上的 P、N、U、V、W 的 5 根引线，使用万用表二极管挡测量模块。

图 10-23　测量直流 300V 电压和拔下 5 根引线

3. 测量模块

见图 10-24，使用万用表二极管挡，测量模块的 P、N、U、V、W 的 5 个端子，测量结果见表 10-1，在路测量模块的 P 和 U 端子，正向和反向测量均为 0mV，判断模块 P 与 U 端子击穿；取下模块，单独测量 P 与 U 端子正向和反向均为 0mV，确定模块击穿损坏。

表 10-1　测量模块

万用表（红）	模块端子											
	P			N			U	V	W	U	V	W	P	N
万用表（黑）	U	V	W	U	V	W	P			N			N	P
结果/mV	0	无	无	436			0	436	436	无穷大			无	436

图 10-24　测量模块 P 和 U 端子击穿

维修措施：见图 10-25，更换模块板。

图 10-25　更换模块板

总结

① 本例模块 P 和 U 端子击穿，在待机状态下由于 P-N 未构成短路，因而直流 300V 电压正常，而遥控开机后室外机 CPU 驱动模块时，立即检测到模块故障，瞬间就会停止驱动模块，并报出"模块故障"的代码。

② 如果为早期模块，同样为 P 和 U 端子击穿，则直流 300V 电压可能会下降至 260V 左右，出现室外风机运行，压缩机不运行的故障。

③ 如果模块为 P 和 N 端子击穿，相当于直流 300V 短路，则室内机主板向室外机供电后，室外机直流 300V 电压为 0V，PTC 电阻发烫，室外风机和压缩机均不运行，并报"通信故障"的代码。

二、压缩机线圈对地短路，报模块故障

故障说明：海信 KFR-50GW/09BP 挂式交流变频空调器，遥控开机后不制冷，检查为室外风机运行，但压缩机不运行。

1. 测量模块

遥控开机，听到主控继电器触点闭合的声音，判断室内机主板向室外机供电，到室外机检

查，观察室外风机运行，但压缩机不运行，取下室外机外壳过程中，如果一只手摸窗户的铝合金外框、一只手摸冷凝器时有电击的感觉，判断此空调器电源插座中地线未接或接触不良引起。

观察室外机主板上指示灯 LED2 闪，LED1 和 LED3 灭，查看故障代码含义为"IPM 模块故障"，在室内机按压遥控器上"高效"键 4 次，显示屏显示"5"的代码，含义仍为"IPM 模块故障"，说明室外机 CPU 判断模块出现故障。

见图 10-26，断开空调器电源，拔下室外机主板上的压缩机 U、V、W 的 3 根引线，滤波电容上去室外机主板的正极（接模块 P 端子）和负极（接模块 N 端子）引线，使用万用表二极管挡测量 5 个端子，实测结果符合正向导通、反向截止的二极管特性，判断模块正常。

使用万用表电阻挡，测量压缩机 U（红）、V（白）、W（蓝）的 3 根引线，3 次阻值均为 0.8Ω，也说明压缩机线圈阻值正常。

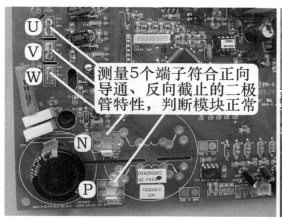
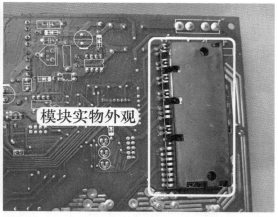

图 10-26　测量模块

2. 更换室外机主板

见图 10-27，由于测量模块和压缩机线圈均正常，判断室外机 CPU 误判或相关电路出现故障，此机室外机只有一块电路板，集成 CPU 控制电路、模块、开关电源等所有电路，试更换室外机主板，开机后室外风机运行但压缩机仍不运行，故障依旧，指示灯依旧为 LED2

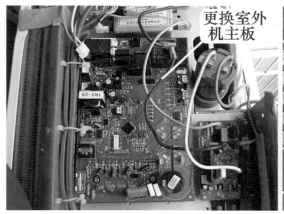
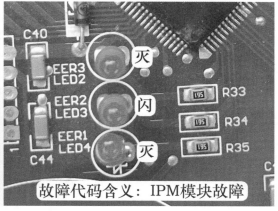

图 10-27　更换室外机主板和故障代码

闪、LED1 和 LED3 灭，报故障代码仍为"IPM 模块故障"。

3. 测量压缩机线圈对地阻值

引起"IPM 模块故障"的原因有模块、开关电源直流 15V 供电、压缩机，现室外机主板已更换可以排除模块和直流 15V 供电，故障原因还有可能为压缩机，为判断故障，拔下压缩机线圈的 3 根引线，再次上电开机，室外风机运行，室外机主板上 3 个指示灯同时闪，含义为压缩机正常升频即无任何限频因素，一段时间以后室外风机停机，报故障代码为"无负载"，因此判断故障为压缩机损坏。

断开空调器电源，使用万用表电阻挡测量 3 根引线阻值，UV、UW、VW 均为 0.8Ω，说明线圈阻值正常。见图 10-28 左图，将一支表笔接室外机电控盒外壳相当于接地，一支表笔接压缩机线圈引线，正常阻值应为无穷大，而实测约为 25Ω，判断压缩机线圈对地短路损坏。

见图 10-28 右图，为准确判断，取下压缩机接线端子上的引线，直接测量压缩机接线端子与排气管口铜管阻值，正常为无穷大，而实测仍约为 25Ω，确定压缩机线圈对地短路损坏。

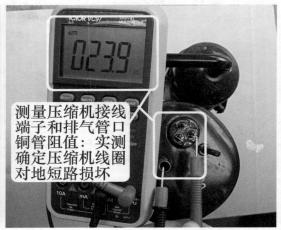

图 10-28　测量压缩机引线对地阻值

维修措施：见图 10-29，更换压缩机。型号为三洋 QXB-23（F）交流变频压缩机，根据顶部钢印可知，线圈供电为三相，定频频率 60Hz 时工作电压为交流 140V，线圈与外壳（地）正常阻值大于 2MΩ。拔下吸气管和排气管的封塞，将 3 根引线安装在新压缩机接线端子上，上电开机压缩机运行，吸气管有气体吸入，排气管有气体排出，室外机主板不报"IPM 模块故障"，更换压缩机后对系统顶空，加氟至 0.45MPa 试机时制冷正常。

总结

① 本例在维修时走了弯路，在室外机主板报出"IPM 模块故障"时，测量模块正常后仍判断室外机 CPU 误报或有其他故障，而更换室外机主板。假如在维修时拔下压缩机线圈的 3 根引线，室外机主板不再报"IPM 模块故障"，改报"无负载"故障时，就可能会仔细检查压缩机，可减少一次上门维修次数。

② 本例在测量压缩机线圈只测量引线阻值，而没有测量对地阻值，这也说明在检查时不仔细，也从另外一个方面说明压缩机故障报出故障代码为"IPM 模块故障"，且压缩机线圈对地短路时也会报出相同的故障代码。

图 10-29　压缩机实物外观和铭牌

③ 本例断路器不带漏电保护功能，因此开机后报故障代码为"IPM 模块故障"，假如本例断路器带有漏电保护功能，故障现象则表现为上电后或开机后断路器跳闸。

三、硅桥击穿，开机断路器跳闸

故障说明：海信 KFR-2601GW/BP 挂式交流变频空调器，上电正常，但开机后断路器跳闸。

1. 开机后断路器跳闸

见图 10-30，将电源插头插入电源插座，导风板自动关闭，说明室内机主板 5V 电压正常，CPU 工作后控制导风板自动关闭。使用遥控器开机，导风板自动打开，室内风机开始运行，但室内机主板主控继电器触点吸合向室外机供电时，断路器立即跳闸保护，说明空调器有短路或漏电故障。

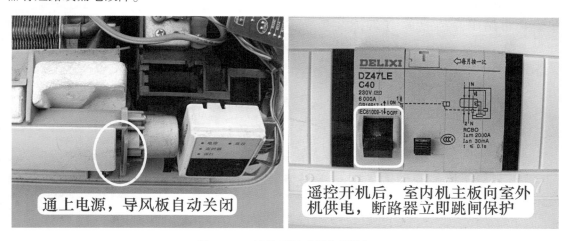

图 10-30　遥控开机后断路器跳闸

2. 常见故障原因

见图 10-31，开机后断路器跳闸保护，主要是向室外机供电时因电流过大而跳闸，常见原因有硅桥短路、滤波电感漏电（绝缘下降）、模块短路、压缩机线圈与外壳短路。

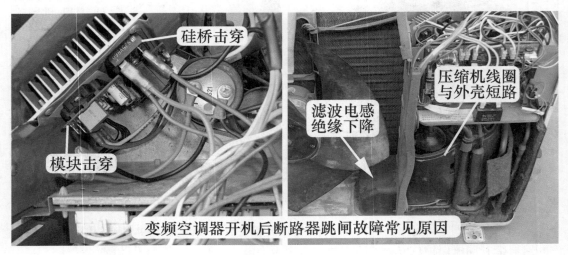

图 10-31　跳闸故障常见原因

3. 测量硅桥

见图 10-32，开机后断路器跳闸故障，首先需要测量硅桥是否击穿。拔下硅桥上面的 4 根引线，使用万用表二极管挡测量硅桥，红表笔接正极端子，黑表笔接两个交流输入端时，正常时应为正向导通，而实测时结果均为 3mV。

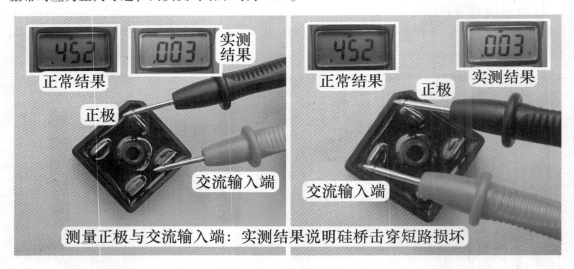

图 10-32　测量硅桥（1）

见图 10-33，红、黑表笔分别接两个交流输入端子，正常时应为无穷大，而实测结果均为 0mV，根据实测结果判断硅桥击穿损坏。

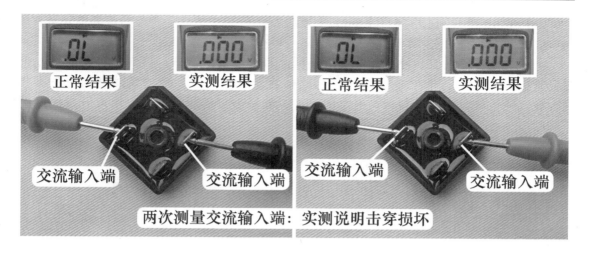

图 10-33　测量硅桥（2）

维修措施：见图 10-34，更换硅桥。空调器通上电源，遥控开机，断路器不再跳闸保护，压缩机和室外风机均开始运行，制冷正常，故障排除。

图 10-34　更换硅桥

总结

① 硅桥内部有 4 个整流二极管。有些品牌型号的变频空调器如只击穿 3 个，只有 1 个未损坏，则有可能表现为室外机上电后断路器不会跳闸保护，但直流 300V 电压为 0V，同时手摸 PTC 电阻发烫，其断开保护，表现现象和模块 P-N 端击穿相同。

② 也有些品牌型号的变频空调器，如硅桥只击穿内部 1 个二极管，而另外 3 个正常，室外机上电时断路器也会跳闸保护。

③ 有些品牌型号的变频空调器，如硅桥只击穿内部 1 个二极管，而另外 3 个正常，也

有可能表现为室外机刚上电时直流300V电压约为直流200V左右，但然后逐渐下降至直流30V左右，同时PTC电阻烫手。

④ 同样为硅桥击穿短路故障，根据不同品牌型号的空调器、损坏的程度（即内部二极管击穿的数量）、PTC电阻特性、断路器容量大小，所表现的故障现象也各不相同，在实际维修时应加以判断。但总的来说，硅桥击穿一般表现为上电或开机后断路器跳闸。

机械工业出版社家电维修类图书推荐

书　　名	书　　号	定价/元
全程图解变频空调器电控原理与维修（配光盘）	978-7-111-36677-5	48
全程图解空调器电控维修基础知识（配光盘）	978-7-111-35614-1	38
空调器维修一学就会（配光盘）	978-7-111-36569-3	39.8
高新中央空调器维修零起步就业直通车	978-7-111-37965-2	39.9
中央空调操作与管理	978-7-111-39518-8	48
小型冷藏库结构、安装与维修技术	978-7-111-40881-9	25
一问一答轻松学修电冰箱空调器	978-7-111-33804-8	48
高新空调器故障代码含义速查宝典	978-7-111-37982-9	49.8
一步一图学修空调器	978-7-111-40878-9	39.9
新型空调器电脑板维修技能速成	978-7-111-40865-9	49.8
空调器使用与维修培训教程（第2版）	978-7-111-41252-6	25
新型平板彩电开关电源速修图解	978-7-111-40361-6	59.8
超级数码彩电开关电源速修图解	978-7-111-37196-0	39.8
高清彩电开关电源速修图解	978-7-111-37038-3	39.8
液晶彩电易损电路上门维修速查手册	978-7-111-39696-3	59.8
液晶彩电上门维修速查手册	978-7-111-39493-8	49.8
超级彩电上门维修速查手册	978-7-111-38367-3	49.9
高清彩电上门维修速查手册	978-7-111-39266-8	68
零基础轻松学修液晶彩电	978-7-111-39451-8	48
零基础轻松学修新型手机	978-7-111-39504-1	48
零基础轻松学修新型洗衣机	978-7-111-39054-1	48
零基础轻松学修新型小家电	978-7-111-38703-9	49.8
零基础轻松学修笔记本电脑	978-7-111-38369-7	45
零基础轻松学修新型电磁炉	978-7-111-38026-9	45
零基础轻松学修变频空调器	978-7-111-37948-5	39.9
零基础轻松学修电脑主板	978-7-111-37363-6	39.8
零基础轻松学修电冰箱电冰柜	978-7-111-37377-3	39.9
零基础轻松学修数字电视机顶盒	978-7-111-37364-3	45
液晶彩电电源板维修快易通（第2版）	978-7-111-37749-8	49.9
数字高清、平板彩电新型集成电路快查速修实用手册	978-7-111-34591-6	88

　　以上图书在全国书店均有销售，您也可在中国科技金书网（www.golden-book.com，电话：010-88379203/88379202）联系购书事宜。如要出版图书，请与编辑联系。

　　编辑电话：010-88379765

　　E-mail：lxn0013127@163.com

　　地址：北京市西城区百万庄大街22号

　　机械工业出版社　电工电子分社

　　邮编：100037